ERICH PREUSS

DER REICHSBAHN-REPORT

ERICH PREUSS

DER REICHSBAHN REPORT

1945–1993

TATSACHEN – LEGENDEN – HINTERGRÜNDE

trans press

Titelfoto: Erich Preuß

Preuß, Erich:
Der Reichsbahn-Report 1945–1993.
Tatsachen, Legenden, Hintergründe. –
1. Aufl.
Berlin: Transpress, 1993. –
240 S.: 203 Abb. (davon 34 farbig)

ISBN 3-344-70789-2

1. Auflage

Borkumstr. 2, 13189 Berlin
Printed in Germany
Lektor: Dr. Rolf Neustädt
Gestaltung: Jürgen Schumann/Regine Bach
Satz: Satzstudio MediaSoft, Berlin
Druck: Rung-Druck, Göppingen
Bindung: K. Dieringer, Gerlingen

Inhaltsverzeichnis

ZUKUNFT KOMMT VON HERKUNFT

Warum dieses Buch?

Es ist geschrieben, um zu erinnern und aufzuklären, nicht aber als Chronik gedacht.

Die Fusion der beiden großen deutschen Eisenbahnen, der Deutschen Reichsbahn und der Deutschen Bundesbahn, mit dem Ziel, sie in die privatwirtschaftlich organisierte Deutsche Bahn AG aufgehen zu lassen, ist ein Vorgang von historischer Dimension. Sie begann am 1. Juni 1992, als ein gemeinsamer Vorstand gebildet wurde, der ausschließlich aus der Deutschen Bundesbahn hervorging. Auch in die Leitungsfunktionen der nachfolgenden Ebenen rückten kaum Eisenbahner, die von der Deutschen Reichsbahn kamen. Auf das „Know-how" der DR legte man offenbar wenig Wert, und Anfragen der Personalräte wegen der recht einseitigen Personalauswahl wurden mit dem Hinweis auf Systemnähe und vor allem auf die Abhängigkeit der alten Kader von der Politischen Verwaltung der DR beantwortet (wobei letzteres unter DDR-Verhältnissen eine Besonderheit war, andererseits die Verallgemeinerung zu neuen Ungerechtigkeiten führen mußte). Marktwirtschaftliche Gesichtspunkte für die Auswahl der Führungskräfte mögen ebenfalls bestimmend gewesen sein. Denn die Marktwirtschaft kannten viele der früheren Führungskräfte allenfalls aus dem Parteilehrjahr. Mit ihr umzugehen, hatten sie nicht gelernt.

Mitte Juli 1992 war ein großer Teil der „kampferprobten" DR-Eisenbahner in den Ruhestand, in den Vorruhestand, zur Deutschen Bundesbahn oder in andere Unternehmen gegangen. Beschäftigte die DR 1989 noch 267 635 Mitarbeiter (darunter 83 953 weibliche und 2 040 Ausländer), so waren es am 1. Juli 1992 knapp 182 000 Mitarbeiter!

Zurück blieb vor allem die junge Generation, die sich vielleicht eines Tages fragt, was denn die Deutsche Reichsbahn war. Nur 14 000 km Strecke und soundsoviele Fahrzeuge? Nur Dampflokomotiven und Losungen unter jedem Bahnsteigdach? Gewiß nicht. Zur DR gehörten Eisenbahner und solche, die sich dafür hielten. Auch jene, die nie eine Berufung zum Eisenbahner verspürten.

Zur DR gehörten aber auch Vorgänge, Begebenheiten und Mißstände, Horst Gibtner, der letzte DDR-Verkehrsminister, erklärte über die DR im Mai 1990, die Investitionen seien auf der Strecke geblieben, „wir sind auf Verschleiß gefahren." Das zeigte die Eröffnungsbilanz zum 1. Juli 1990, dem Tag der Währungsunion. Die DR verfügte über eine Passiv-Bilanz von 37 Mrd. DM, darunter 13 Mrd. DM Eigenmittel, 20 Mrd. DM Rückstellungen, 4 Mrd. Verbindlichkeiten. Der hohe Anteil an Rückstellungen war der in der Vergangenheit unterlassenen Unterhaltung bzw. Modernisierung der Anlagen und Fahrzeuge sowie den mangelnden Vorkehrungen für den Umweltschutz geschuldet und erhärtet die Erklärungen zum „maroden Unternehmen".

Über 40 Jahre erlebten die Eisenbahner der DR nichts anderes als Mangelwirtschaft. Nie konnte das Erforderliche getan werden, immer mußten Einfälle, mußte ihre Einsatzbereitschaft herhalten. Nicht überbesetzte Dienstposten, wie heute im Westen leichtfertig behauptet wird, kennzeichneten die DR, sondern rückständige Arbeitsorganisation und dadurch auch der Verschleiß ihrer Eisenbahner vom Schrankenwärter bis zum Generaldirektor.

In zehn Themenkreisen versuche ich, ein Bild zu zeichnen, wie ich die DR erlebt habe, aus der Sicht „von unten" und „von oben". Mancher mag einwenden: Was soll das? Wer interessiert sich dafür? Muß aber nicht wenigstens versucht werden, der erschreckenden Unkenntnis und den Vorurteilen einiger Zeitgenossen, hauptsächlich westlich von Werra und Elbe, das Wort entgegengesetzt werden, die Geschichte von gestern und vorgestern?

Dieser Versuch wird zusätzlich dadurch legitimiert, daß die Nachwendezeit nicht zur geschichtslosen Ära verkommen darf. Für die Deutsche Bundesbahn fand die Geschichte ihres Unternehmens allenfalls im Verkehrsmuseum Nürnberg statt. Und bei der Deutschen Reichsbahn war die Geschichte für die Interessen vor allem der Staatspartei SED zurechtgebogen worden. Heinz Dürr, Vorsitzer des Vorstandes beider deutschen Bahnen, prägte 1992 das Wort „Zukunft kommt von Herkunft", so daß man hoffen kann, zur künftigen Unternehmenskultur der Deutschen Bahn AG gehöre auch die Besinnung auf die Tradition, mag sie auch nicht immer so glänzend gewesen sein.

Dann werden vielleicht auch jene Reichsbahner nachdenklich, die ihre Vergangenheit unbegründet über Bord werfen möchten und beispielsweise, 1992 soeben vom Bundespräsidenten als Bereichsleiter berufen, nicht mehr wahrhaben wollten, daß sie 1991 noch Präsident einer Reichsbahndirektion waren.

Dabei brauchen sich viele der DR-Eisenbahner ihrer Herkunft nicht zu schämen. Sie dienten einem Unternehmen, dessen Ergebnisse europäische Spitzenleistungen waren. Demgegenüber stand der – im Vergleich zu den Kollegen in den westeuropäischen Ländern – geringe Anteil an Einkommen und Wohlstand.

Mit diesem Buch werde ich auch Widerspruch wecken, weil der eine oder der andere die DR ganz anders erlebte oder zu ganz anderen Schlüssen kam. Das Mentale kann man ohnehin nicht in Worte kleiden. Und auf 250 Schreibmaschinenseiten mehr als 40 Jahre Zeitgeschehen zwischen Barth und Bad Brambach fassen zu wollen, müßte eigentlich verboten werden. Da ist es bis zur Pauschalisierung nicht weit.

Ich hoffe, davor bewahrten mich die kritischen Leser dieses Manuskripts, die auch andere Hinweise gaben. Ich danke Fred Hafner, Berlin, Clemens Hahn, München, Lothar Krink, Berlin, Otto Mayer, Eisenach, Dr. Rolf Neustädt, Berlin, Reiner Preuß, Berlin, Udo Vetterlein, Berlin, und weiteren Mitarbeitern der Hauptverwaltung der DR, die nicht genannt sein wollten.

Berlin, April 1993

Erich Preuß

1 OHNE ZWEITES GLEIS

Die Infrastruktur

Wer mit einem Zug der Deutschen Reichsbahn verreiste, war auf langsames Fahren und Unbequemlichkeiten gefaßt, und die Erneuerung der ehemaligen DDR-Eisenbahn seit der Wende machte erst recht deutlich, welcher Unterschied zwischen ihr und einer modernen Eisenbahn, wie der Deutschen Bundesbahn, bestand. Die Ursachen dafür sind aber nicht in der Faulheit oder dem Unvermögen der Eisenbahner zu suchen, sondern in den – wie man heute sagt – Rahmenbedingungen.

Die Ausgangslage 1945 war in beiden deutschen Hälften die gleiche. Sie ist oft beschrieben worden. In den Westzonen bzw. der Bundesrepublik Deutschland mußten rund 9 Mrd. Mark ausgegeben werden, um die Zerstörungen zu beseitigen. Ende 1950 waren immer noch 2 151 Brücken beschädigt oder zerstört, 771 behelfsmäßig und 199 „dauerbehelfsmäßig" wiederhergestellt, aber bereits 2151 wiederhergestellt, und 321 hatten gar keine Schäden.[1] Als Wiedergutmachung hatte die Deutsche Reichsbahn (West) lediglich 225 km Gleis und 586 Weicheneinheiten abzugeben, mit denen zerstörte SNCF-Strecken wiederaufgebaut wurden. Bereits Mitte der fünfziger Jahre war die Infrastruktur der Eisenbahn im Westen, zumindest auf Vorkriegsniveau, wiederhergestellt.

Wie anders bei der Deutschen Reichsbahn (Ost)! Obwohl gesicherte Zahlen über das Ausmaß der Zerstörung nicht wie von der DR (West) vorliegen, kann man davon ausgehen, daß die Kriegszerstörungen zumindest ebenso groß waren. Am 1. Februar 1947 waren von den zerstörten Eisenbahnbrükken 80 Prozent wiederhergestellt, davon 30 Prozent endgültig, 70 Prozent behelfsmäßig. Einige von ihnen, große und an Hauptbahnen, waren 1960 immer noch Behelfsbrücken!

---

1 Nach „Deutsche Bundesbahn gestern & heute", Freiburg 1989, Seite 30

Provisorisch genutzter Querbahnsteig in Leipzig Hbf

Auch im Osten gingen die Eisenbahner nach dem Kriegsende an die Wiederherstellung der Brücken und Strecken. Oft wurde in der DDR-Literatur die große Hilfe der UdSSR gepriesen. Dafür gibt es genügend Beispiele. Einige erlebten das Gegenteil davon. In Löbau (Sachs) beispielsweise organisierten die Eisenbahner Baumaterial, vor allem Holz, um den gesprengten Viadukt zwischen Löbau (Sachs) und Zoblitz behelfsmäßig befahrbar herzurichten. Mehrmals wurde dieses Material von den Russen weggebracht, sogar die Masten für die Fernsprechverbindungen nach Niedercunnersdorf wurden abgesägt, so daß die Züge auf Sicht fahren mußten.

Nicht beschädigt wurde das hervorragende Denkmal der Brückenbaukunst, die Göltzschtalbrücke an der Strecke Leipzig–Hof

Wenn es den sowjetischen Militärs um Wiederherstellung der Strecken ging, dann für die Rückwärtigen Dienste ihrer Truppen. Deshalb wurde von ihnen auch der Bau von Strecken bzw. die Reparatur der Gleise rund um Berlin gefördert. Statt Kriegsschäden zu beseitigen, mußten zweite Gleise und Stellwerkseinrichtungen demontiert, schließlich auch die Anlagen der elektrischen Zugförderung beseitigt werden (einschließlich der Demontage des Reichsbahnkraftwerks Muldenstein und der Überführung der Lokomotiven in die UdSSR).

Grundlage war neben anderem der Befehl Nummer 95 der Sowjetischen

Militäradministration in Deutschland (SMAD) vom 29. März 1946. Die Demontage bzw. die Reparation blieb ein Tabu-Thema in der DDR. Wenn darüber geschrieben oder gesprochen wurde, war von „Wiedergutmachung für die von den deutschen Faschisten in der Sowjetunion angerichteten Kriegsschäden" die Rede, und nur ansatzweise und ziemlich versteckt wurden Zahlen vom Umfang dieser Reparationen genannt, die meist nicht stimmten, wie Kuhlmann vorrechnet.[2] Nach seiner Schätzung sank durch die Demontage des zweiten Gleises der Anteil zwei- und mehrgleisiger Strecken am Netz der DR in der sowjetischen Besatzungszone von 47,2 Prozent auf 9,1 Prozent, wobei die Rbd-Bezirke Cottbus, Greifswald und Schwerin gänzlich ohne zweite Gleise blieben. Kuhlmann schätzt, daß mindestens 5 922,29 km mehrgleisige DR-Strecken in eingleisige zurückgebaut, 904,08 km DR-Nebenbahnen sowie 822,7 km Privat- und Kleinbahnstrecken abgebaut wurden, zusammen 7 649,07 km!

Der Abbau des zweiten Gleises war der größte Rückschlag für die DR. Hinzu kam der großflächige Gleisrückbau auf Rangierbahnhöfen. Während sich heute kaum jemand vorstellen kann, daß Herrnhut und Bernstadt, Taubenheim und Dürrhennersdorf in Sachsen durch Schmalspurbahnen verbunden und der Greifswalder Raum durch mehrere Strecken erschlossen waren, wurden die ebenfalls abgebauten Strecken Gernrode–Stiege am 16. Mai 1949 und nur bis Straßberg (weiter reichten die herbeigeschafften Schienen nicht) oder Löwenberg–Templin–Prenzlau am 14. November 1953 wieder in Betrieb genommen. Bereits 1948 war unter primitiven Bedingungen, aber mit entsprechendem Propagandaaufwand die demontierte Strecke Bützow–Schwaan als erstes Jugendobjekt bei der DR wiederaufgebaut worden. Dadurch war die direkte Fahrt von Schwerin nach Rostock wieder möglich geworden.

Die Verkehrsnot der Nachkriegszeit, als die Reisemöglichkeiten der Bevölkerung rigoros eingeschränkt werden mußten und die landwirtschaftlichen Erzeugnisse nicht mehr abtransortiert werden konnten, als es überall an Lkws, Autobussen und Pkws fehlte, diese Verkehrsnot war nicht allein vom Kohlen- und Materialmangel diktiert, sondern in erster Linie Folge der Demontagen. Zeuge des Rückbaus war über Jahrzehnte das freie Planum neben dem Streckengleis, das bei Instandsetzungen wie der Zentralen Oberbauerneuerung gute Dienste leistete, indem man bei weitgehend unbehindertem Zugbetrieb das neue Gleis aufbauen konnte und nur die Bahnhofsköpfe verändern („drehen") mußte. Heute noch bemerkt man auf eingleisigen Strecken dieses Verfahren, indem das Streckengleis mal auf die eine, mal auf die andere Seite wechselt, also nicht der Bahnachse folgt. Man schätzte, daß sich die Durchlaßfähigkeit der Strecken nach der Demontage um ein Viertel verringerte, zu-

---

2 ModellEisenBahner, Berlin, 10/1991

Bis in die siebziger Jahre benutzte die DR Personenwagen anderer Bahnverwaltungen, die es im zweiten Weltkrieg auf ihr Netz verschlagen hatte, wie diesen SNCB-Wagen. Erfurt Hbf (1969). F: Schütze

Die Nebenbahnen Löbau (Sachs)–Oberoderwitz/Ebersbach (Sachs) führten von Löbau (Sachs) bis Niedercunnersdorf bzw. Dürrhennersdorf parallel als zwei eingleisige Strecken. 1945 mußte auch hier ein Gleis abgetragen werden (im Bild vorn), und so mußte behelfsmäßig die Abzweigstelle Höllengrund eingerichtet werden. Eine Triebwagengarnitur hat sich an den Personenzug nach Ebersbach (Sachs) angehängt. Bei Löbau (Sachs) (8. April 1973). Foto: Friedrich

mal die Bahnhofsabstände dem vorherigen zweigleisigen Betrieb entsprachen, mithin für eingleisigen Zugverkehr viel zu groß waren.

Gegen die Demontage als Form der Wiedergutmachung wäre kaum etwas zu sagen, wenn alle diese Gleise tatsächlich in der Sowjetunion eingebaut worden wären. Daß das offenbar nicht der Fall war, erklärt, warum sich das Politbüro des SED-Zentralkomitees im Dezember 1950 entschloß, mit den sowjetischen Behörden zu verhandeln, damit die unter freiem Himmel lagernden Einrichtungen der elektrischen Zugförderung (im Austausch gegen neue DDR-Schienenfahrzeuge!) zurückgegeben werden.

1951 betrieb die DR noch einmal den plötzlichen Abbau bestimmter Strecken (z. B. Goßdorf-Kohlmühle–Hohnstein) mit der Begründung, man brauche die Schienen, um den Berliner Außenring aufzubauen, wechselte sogar auf einigen Strecken, wie Salzwedel–Stendal, den K-Oberbau gegen einfacheren der Länderbauarten aus. Dafür mußte die Strecke Haldensleben–Letzlingen der ehemaligen Gardelegen-Haldensleben-Weferlinger Kleinbahn aufgegeben werden.

Aber der Berliner Außenring (erster Spatenstich 1. November 1950, letzter in Betrieb genommener Abschnitt: Wildpark–Golm und Verbindungskurven

Ministerpräsident Grotewohl, Generaldirektor Kramer und Verkehrsminister Reingruber eröffnen einen Abschnitt des Berliner Außenrings (Juni 1951). Foto: ZBDR

Der erste vom VEB Waggonbau Görlitz hergestellte Doppelstockzug bei Dresden-Klotzsche nach einem Bremsversuch **Foto: ZBDR**

Wilhelmshorst, Moosfenn am 28. September 1957) war eine politische Angelegenheit, die nach der Grenzschließung am 13. August 1961 ihren Wert erst richtig zeigen sollte. Im Mai 1950 hieß es bereits in einer Zeitschrift: „Alle drei Verkehrsträger (...) haben bis zum Friedenstreffen der 500 000 in Berlin (gemeint war das Deutschlandtreffen der Freien Deutschen Jugend) noch große Aufgaben zu erfüllen. Diese werden leider dadurch erschwert, daß die Westsektoren Berlins zu umfahren sind. Sie werden deshalb umfahren, damit den westlich lizensierten Kriegshetzern jede Möglichkeit einer Provokation von vornherein genommen wird."[3]

Zuvor war der Uran-Bergbau im Erzgebirge durch die sowjetischen Behörden zur politischen Angelegenheit („Der Frieden wird durch den Besitz der Atombombe entschieden!") erklärt worden, wenn auch nicht ganz so öffentlich. Die Strecke Zwickau–Johanngeorgenstadt wurde zweigleisig ausgebaut, und viele Eisenbahner wurden in den Reichsbahnamtsbezirk Aue abgeordnet, wo sie unter zum Teil unwürdigen und der allgemeinen Sicherheit abträglichen Bedingungen arbeiten mußten.

Wenn in den folgenden Jahrzehnten in das Streckennetz investiert wurde, dann um – wie im Westen – die Anlagen vom früheren Ost-West- auf den Nord-Süd-Verkehr umzustellen. Doch der Rückstand der Infrastruktur gegen-

---

3 Der Verkehr, Berlin 1950, Seite 130

58 439 schiebt auf der wegen der Tunnelarbeiten eingleisigen Strecke Tharandt–Klingenberg-Colmnitz einen Güterzug nach (22. Juni 1969). Foto: Sammlung Erich Preuß

Immer wieder waren aufwendige Bauten notwendig, um den Braunkohlentagebauen Platz zu schaffen. Die DR-Strecke mußte dem Tagebau Geiseltal weichen und nun die Stadt Mücheln nördlich umgehen. Um die Geisel und mehrere Straßen queren zu können, wurde ein Viadukt mit sieben Bögen von je 33 m Spannweite, Gesamtlänge 264 m, gebaut (1975). Foto: ZBDR

über der DB wurde nie aufgeholt. Aber die DR übte sich in der Improvisation. Ehemalige Blockstellen wurden zu Abzweigstellen oder Bahnhöfen umgebaut, die neuen Hochbauten und die Sicherungstechnik blieben vielfach primitiv, oft mußte das sonst nur vorübergehenden Bauzuständen dienende Schlüsselwerk ausreichen. Auf Hauptbahnen, z. B. der Strecke Dresden–Görlitz, fehlten vielfach die Streckenblockeinrichtungen. Wo der Streckenblock nicht ausgebaut werden mußte, erhielt er die Form C für eingleisige Strecken, und mangels Ausrüstungsteilen wurden statt der Erlaubnissperren Blockschieber eingesetzt. Damit sich der Zugverkehr auf eingleisigen Strecken nicht behinderte, wurde möglichst im Richtungsverkehr gefahren, wie von Dresden nach Leipzig über Riesa, in umgekehrter Richtung über Döbeln, der Güterverkehr vom mitteldeutschen Raum zum Überseehafen Rostock weitgehend über Nebenbahnen (Brandenburg–Meyenburg–Güstrow) geleitet. Leer- und Kohlenzüge zwischen dem Norden und dem Senftenberger Kohlenrevier fuhren über Bad Freienwalde–Frankfurt (Oder), auch Reisezüge wurden gebündelt gefahren. War einer der Züge verspätet, erlitt er allerdings einen längeren Aufenthalt, weil er nicht nur einen Zug, sondern ein ganzes Bündel aus der Gegenrichtung passieren lassen mußte. Priestewitz zwischen Dresden und Riesa war solch ein berüchtigter Bahnhof, auf dem man, im Schnellzug sitzend, häufig die Schar der Züge aus der Gegenrichtung abwarten mußte. Da innerbetriebliche Belange vordringlicher als der Kundennutzen waren, erlebten die Reisenden auf eingleisigen Strecken (später auch auf den zweigleisigen), daß ihr Zug (für den sie sogar Zuschlag gezahlt hatten) aufgehalten wurde, um mehrere Güterzüge vorbeizulassen!

Nur punktuelle Kapazitätsverbesserungen

Die zentralistische Planung und eine stete Vernachlässigung des Verkehrswesens trugen ein übriges dazu bei, die Infrastruktur der DR nicht auf den erforderlichen Stand zu bringen. Von erweiterter Reproduktion konnte kaum die Rede sein, zumal nicht einmal die einfache Reproduktion – also die bloße Instandhaltung des Vorhandenen – gegeben war.

Die Kapazitätsverbesserungen waren immer punktuell. Bis zum März 1959 wurde der Altenburger Tunnel beseitigt, bis 1966 wurde der Tunnel bei Edle Krone aufgeweitet, um die Elektrifizierung der Strecke Dresden–Karl-Marx-Stadt zu ermöglichen. Von 1959 bis 1967 fungierte die sogenannte Hafenabfuhrstrecke Rostock–Berlin als sozialistische Großbaustelle (hier hatte das für die UdSSR demontierte Gleis Neustrelitz–Lalendorf gelegen), und zu jeder Zeit mußten für die Braunkohlenabfuhr neue Strecken gebaut oder für den Abbau der Kohlen vorhandene verlegt werden.

Am 10. Dezember 1965 nahm die für die Kalkabfuhr wichtige Rübelandbahn Blankenburg (Harz)–Königshütte den Zugbetrieb auf, nachdem die schwierige Trasse verbessert und das westliche Stück Königshütte – Tanne

Die 1927 in Betrieb genommene Elbbrücke bei Hämerten, Strecke Berlin–Lehrte, blieb eine Langsamfahrstelle, zuletzt für Geschwindigkeiten von maximal 30 km/h. Zwölf Pfeiler der von 1871 bis 1927 befahrenen Brücke dienen einem Neubau, über den die Hochgeschwindigkeitsstrecke gelegt wird (Juni 1990).
Foto: Erich Preuß

Die einst viergleistige Strecke Dresden-Neustadt–Coswig (Bez Dresden) blieb Jahrzehnte nach 1945 eingleisig. Hier wird in Radebeul West ein Gleis verlegt und, wie während der Zentralen Oberbauerneuerung üblich, die Bahnsteigkante erneuert.

Abladen 60 m langer Schienen von einer sogenannten Langschieneneinheit (1973)
Foto: ZBDR/Hein

gekappt worden war. Von 1967 bis 1969 begann die Inbetriebnahme von S-Bahnen in den Bezirksstädten Leipzig, Rostock, Halle, Magdeburg und Dresden. Erfurt bildete mit einer „über Nacht" eingerichteten, bescheidenen S-Bahn-Strecke nach Berliner Straße das Schlußlicht. Mit geringen Mitteln (wenigen Strecken bzw. Abschnitten mit reinem S-Bahn-Betrieb, ungeeigneten Wagen, z. B. Vorkriegs- oder neueren Doppelstockwagen mit Wendezug-, aber ohne Türschließ- und Türblockiereinrichtungen, einfachen Verkehrsanlagen) versuchte die DR, die ihr zugewiesenen Aufgaben im Berufsverkehr zu erfüllen. Der Generalverkehrsplan von 1969 sah sogar vor, zwischen Dresden-Friedrichstadt und Dresden-Niedersedlitz eine unterirdische Schnellbahn zu bauen, wofür die „Bilanzanteile" dann doch nicht bereitgestellt wurden.

Von Oktober bis Dezember 1976 wurde zwischen Berlin und zehn Bezirksstädten sowie Berlin–Meiningen und Berlin–Zwickau der Verkehr mit Städte-Expreßzügen, „ausgehend von der FDJ-Initiative Berlin", aufgenommen, eine Art InterCity der DDR, wenngleich auch hier die Voraussetzungen minimal waren. Notwendig geworden waren solche Verbindungen wegen der massenhaften Wochenendpendler, Bauarbeiter, die jeder Bezirk für die Hauptstadt der DDR zu delegieren hatte, sowie der anderen Dienstreisenden, denen durch einen Beschluß des Ministerrats im Gefolge der Ölkrise Mitte der siebziger Jahre Dienst-Pkws und Benzinkontingente kaum noch zur Verfügung standen.

Möglich geworden waren die Städte-Expreßzüge, weil die ČSSR-Wirtschaft knapp bei Kasse war und dem VEB Waggonbau Bautzen Schnellzugwagen vom Typ UIC Y nicht abgenommen hatte. Die DR war froh, daß sie durch eine Ministerratsentscheidung endlich wieder einmal Neubauwagen für den Binnenverkehr erhielt. Wenige Jahre darauf reichten die Wagen nicht aus, 15 und 16 Wagen starke Züge, z. B. beim Ex 156/157 „Rennsteig", waren nicht selten. In der 2. Klasse mußten wieder acht Plätze je Abteil eingeführt werden, obwohl man 1976 die Sechsplatz-Abteile als Vorzug dieser Expreßzüge und als Begründung für einen erhöhten Zuschlag gepriesen hatte. Die von der DR selbst gebauten Bmhe-Wagen wurden als Verstärkungswagen herangezogen. Doch weder mit der Schnelligkeit noch mit der Pünktlichkeit (50...60 Prozent waren bei Ankunft pünktlich) verdienten sich diese Züge ihr Renommee, obwohl sie bereits Vorrang vor anderen Zügen genossen. Und sie sollten sich deutlich von den zum Winterfahrplan 1960/61 eingeführten Städteschnellverkehrszügen abheben, die sich von gewöhnlichen Schnellzügen durch ihre Tagesrandlage und wenige Verkehrshalte unterschieden.

Bescheidene infrastrukturelle Verbesserungen hat es immer gegeben, wie die Verlängerung der elektrifizierten S-Bahn-Strecken nach Königs Wusterhausen und Strausberg Nord, aber zwischen 1961 und 1988 war Berlin der Schwerpunkt solcher Verbesserungen, denn zwischen Karow und Schönfließ wurden S- und Fernbahn getrennt, der Engpaß Eichgestell–Wuhlheide Rbf zweigleisig, Glasower Damm–Flughafen Berlin-Schönfeld viergleisig ausgebaut, das Grünauer, Karower und Biesdorfer Kreuz am Außenring waren vorher bereits mit großzügiger Trassierung weitgehend niveaufrei angelegt worden. Hinzu kamen S-Bahn-Strecken nach Ahrensfelde und Wartenberg.

Kaum Kapazitätsverbesserungen erfuhr der Rbd-Bezirk Halle, obwohl sich hier der Güterverkehr konzentrierte. Der Leipziger Güterring mit seinen vielen Langsamfahrstellen (Ursache: weil gefahren werden mußte, ließ man den Baudienst nicht bauen, sondern nahm die Langsamfahrstellen in Kauf) war tägliches Ärgernis.

Bei jeder Inbetriebnahme eines elektrischen Abschnitts wurde erklärt, wieviel Liter Dieselkraftstoff gespart werde und um wieviel Minuten man jetzt schneller fahre. Daß aber die vorherigen Langsamfahrstellen – dazu kamen die durch die Elektrifizierungsarbeiten bedingten – dafür sorgten, daß es sol-

Mit Hilfe von Funkgeräten für den Sicherungsposten konnte bei langen Baustellen auf Außenposten verzichtet werden. Bei Ilmenau (Juni 1970). Foto: Ellguth

che Verbesserungen einfach geben mußte, fiel nur dem aufmerksamen Fahrplanleser auf. Vielfach landete man nach der Elektrifizierung noch nicht einmal beim Stand von 1936.

Und im Streckennetz häuften sich die Langsamfahrstellen, die zum Fahrplanwechsel in ständige Geschwindigkeitsbeschränkungen umgetauft wurden und im Fahrplanabschnitt 1989/90 die stattliche Länge von 2 610 km (fast ein Fünftel des Gesamtstreckennetzes!) erreichten. 1988 bestanden 1400 La-Stellen, auf 100 km kamen jährlich 24 Schienenbrüche.

Der DR wurden von der Staatlichen Plankommission die Mittel für Investitionen und Kapazitäten tröpfchenweise zugewiesen, denn der Bau von Wohnungen und die Sonderbauvorhaben (Grenzsicherung, militärische Anlagen, auch Kraftwerke) hatten Vorrang. Der reichsbahneigene Gleisbaubetrieb Magdeburg wurde in großem Umfang zum Bau von Werk- und Anschlußbahnen der Braunkohlengruben sowie der Nationalen Volksarmee herangezogen, und ich entsinne mich, daß in der Reichsbahndirektion Cottbus öfter

12 Gera Süd — Greiz — Rbd-Grenze km 42,25 (—Weischlitz)

1 Gera Süd	minus 0,12– plus 0,19	20	Z n/a Gl 1–3	5. 1.		OM Lf 1/2 aufgest
2 Wünschendorf (E)–Berga (Elster)	14,30–14,50	30	alle Z	19.12. 75		Unwetterfolgen 1/2
3 Berga (Elster)	Einfvorsig Vh 19,762			2. 10. 73		in Warnst festgel
4 Berga (Elster) –Neumühle (Elster)	19,70–20,15	20	alle Z	10.11. 75		OM Lf 4 aufgest
	21,8–23,6	10		3. 4.		
5 Neumühle (Elster	23,56–24.41	20	Z n/a Gl 1 und 2	10.11. 75		OM Lf 4 aufgest
6 Neumühle (Elster)– Greiz	25,35–25,80	20	alle Z	10.11. 75		OM Lf 4 aufgest
	27,10–27,80					
7 Plauen(Vogtl) –Chriewitz	↓ 49,72–50,13 Gl 1	10	alle Z	27. 5. 74		OM
8 Plauen(Vogtl) unt Bf– Weischlitz	54,53–54,58 ↑	80	alle Z	26. 5. 75		abw v AzFV II u Buchfpl

Die Zentrale Oberbauerneuerung konnte den Verfall der Gleise nicht aufhalten. Die „La", Teil B, der Rbd Erfurt, 21. Woche vom 17. Mai 1976 bis 23. Mai 1976, gibt über den 42 km langen Abschnitt Gera Süd bis zur Rbd-Grenze bei Weischlitz Auskunft: 5 Langsamfahrstellen zwischen 10 km/h und 30 km/h wegen Oberbaumängeln (OM). Fahrzeit eines Personenzuges: 2 Stunden! Die ständigen Geschwindigkeitsbeschränkungen, wie wegen Oberbau- und Brückenmängeln, erschienen nicht einmal in der „La".

trübe Stimmung herrschte, weil an den ohnehin zu wenigen Invest-Mitteln im Laufe des Jahres der Rotstift angesetzt worden war und immer wieder dringliche Instandsetzungen oder Erweiterungen gestrichen und verschoben werden mußten.

Eine gewisse Erleichterung bedeutete dann das Programm der Zentralen Oberbauerneuerung (ZOE), das 1976 den schönen Titel „Programm Zentrale ausgewählte Reparaturen des Oberbaus" (ZARO) erhielt. Seit 1960 ging man mit Hilfe importierter Gleisbaumaschinen intensiv daran, die Gleise in Ordnung zu bringen, verlegte Stahlbetonschwellen, vereinfachte die Bahnhofsköpfe und verlängerte sie so, daß möglichst Einfahrten aus allen Richtungen gleichzeitig möglich waren. Von 1971 bis 1975 wurden 2 622 km, von 1976 bis 1980 1 892 km und von 1981 bis 1985 2245 km Gleis erneuert. Damit war es 1969 möglich, auf mehreren Strecken die Reisezeiten zu verkürzen.

271 km Berlin–Erfurt in knapp vier Stunden, das zu verkünden, machte die Mitarbeiter im Ministerium für Verkehrswesen stolz. Den Lokomotivführern erschienen die vorgegebenen Fahrzeiten als viel zu kurz (nach der Streckung 1982 dann wieder viel zu lang). Die Städteschnellverkehrszüge und die Expreßtriebwagen Berlin–Leipzig zeigten, daß es aufwärts ging. 1969 wurden in der „Fahrt frei" wiederholt beträchtliche Fahrzeitkürzungen gemeldet. Freilich wurde dabei, um die Planzahlen und Wettbewerbsziele zu erreichen und weil es immer an Tiefbaukapazitäten fehlte, auch gesündigt, indem beispielsweise zur gründlichen Entwässerung keine Kiesschutzschichten eingebracht wurden. Offiziell hieß es dazu, die Dübelinstandsetzung, der gleisgebundene Schutzschichteinbau, der Bau von Entwässerungsanlagen, die Randweg- und Grabenprofilierung seien technologisch weiter zu vervollkommnen. Alsbald erschienen an eben erneuerten Strecken wieder Schlammstellen, wie an der Strecke Weißenfels–Erfurt. Doch die laufende Instandhaltung scheiterte, weil das Fahren und weniger die Sperrpausen für erforderliche Arbeiten vordringlich waren und weil es an Oberbaukleingeräten „in jeder Position" fehlte. Die Verwaltung Bahnanlagen der Rbd Berlin wollte 1978 selbst eine Schienenbohrmaschine „mit nahezu Weltniveau" schaffen!

Von Mitte der fünfziger Jahre bis 1981 war es gelungen, in 80,5 Prozent der DR-Gleislänge lückenlose Gleise einzubauen. Seit 1968 wurde neben der Schiene S 49 die R 65, aus der UdSSR importiert, verwendet, die aber durch ihre Walztoleranzen und Verdrehungen für gehörige Laufunruhe der Fahrzeuge sorgte, welche sich wiederum schädlich auf den Oberbau auswirkte.

Wegen der explodierenden Erdölpreise Ende der siebziger Jahre wurden, statt weiter mit 35 km Elektrifizierung im Jahr dahinzuwursteln, jährlich 300 km unter die Oberleitung genommen. 1981 beschloß der X. SED-Parteitag, daß bis 1985 700...750 km Strecken elektrifiziert sein sollten. Die „Elektrifizierung von Eisenbahnstrecken" wurde zum Zentralen Jugendobjekt erkoren und dementprechend von den Funktionären begutachtet.

SED-Politbüromitglied Alfred Neumann und der FDJ-Sekretär Eberhard Aurich ließen sich häufig auf Baustellen sehen, und vor allem Alfred Neumann beseitigte die Hindernisse, so daß im April 1986 seit dem X. Parteitag sogar 1 000 km elektrifiziert worden waren. Den „ideologischen Schwung" verschaffte das Zentrale Jugendobjekt, unter dessen Marke 1 600 Jugendliche an die Strecke geschickt wurden. Das für DDR-Verhältnisse große Vorhaben beschnitt andere wichtige Investitionen, sogar die mit der Elektrifizierung korrespondierenden Programme.

Als in der „Fahrt frei" ein Beitrag geplant war, in dem statt der Bevorzugung der zu elektrifizierenden Strecken auch der Instandhaltung bereits elektrifizierter Strecken das Wort geredet werden sollte, und die gründliche Recherche ergab, daß obendrein für einen vernünftigen Betrieb zusätzliche Gleise z. B. zwischen Halle (Saale) Hbf und Großkorbetha, Weißenfels und Naumburg und die Trennung von Fern- und S-Bahn in Leipzig erforderlich gewesen wä-

Die Alkalischäden an den Betonschwellen, wie hier zwischen Halle (Saale) und Köthen, machten alle Verbesserungen der Gleisinstandsetzungen zunichte (1992).
Foto: Erich Preuß

Die überalterten Hochbauten erweckten den Eindruck, bei der DR sei die Zeit stehengeblieben. Zugleich blieb mit ihnen vieles von der Herkunft bewahrt. Posten 44a bei Bad Brambach, Strecke Plauen–Eger (1988).
Foto: Rettig

Stendal besaß, bis der Bahnhof im Dezember 1974 ein Gleisbildstellwerk erhielt, das letzte mit Druckluft arbeitende Stellwerk bei der DR (9. Mai 1975). Foto: Schütze

In Eilsleben erhielt die DR das erste mikroelektronische Stellwerk (1. Juli 1992). Foto: Erich Preuß

ren, intervenierte die Politische Verwaltung gegen eine solche Veröffentlichung. Denn Parteibeschluß war die Elektrifizierung und nichts anderes. Der Beschluß war heilig, über ihn durfte nicht diskutiert werden.

Einer der nächsten Schwerpunkte, der kaum etwas zur Infrastruktur beitrug, dafür wiederum Kapazitäten von anderen Stellen abzog, war der Fährhafen Mukran auf der Insel Rügen. Er wurde am 2. Oktober 1986 nach üblicher Geheimhaltung der Vorbereitungen eröffnet. Über ihn sollte der größte Teil des Warenstroms zwischen der DDR und der UdSSR fließen, ohne den Transit durch Polen zu benutzen. Mit ihm hatte sich im Laufe der Zeit viel Ärger aufgestaut, unter anderem ständig untergegangene Sendungen, Rückstauzüge, Verspätungen, vor allem wiederholte Preisanhebungen der Polnischen Staatsbahnen sowie Forderungen nach „harter" Währung oder Warenlieferungen für die Transitkosten. Die Erfolge der Gewerkschaftsbewegung „Solidarität" müssen den Politikern und Militärs zusätzlich bewußt gemacht haben, wie empfindlich der Schienenweg durch Polen ist, über den der für die DDR und die UdSSR lebenswichtige Güteraustausch, aber auch die Militärtransporte rollten.

Zog sich die Instandhaltung der Gleise auf 6 759 km Länge (noch nicht einmal die Hälfte des gesamten Streckennetzes der DR!) 15 Jahre hin, so erschienen bereits 1978 alarmierende Anzeichen bei den Betonschwellen, die mehr oder weniger schnell zerfielen. Einige zeigten Risse, andere zerbröselten, und wieder andere brachen in der Mitte durch.

Die Hauptverwaltung Bahnanlagen der DR machte die Vorgesetzten aufmerksam. Die gaben die Hinweise weiter. Doch niemand wollte die Situation ernst nehmen, denn die Schlußfolgerungen waren katastrophal: Die DR wurde an den Anfang ihrer Zentralen Oberbauerneuerung geworfen, über 8 000 km Gleise mußten ausgewechselt werden. Und das bei ständig wachsender Inanspruchnahme der Eisenbahn, vor allem für den Gütertransport.

Die Ursache des „Betonkrebses" war bald gefunden: Alkali-Kieselsäure-Reaktion. Zement, der mit Wasser vermischt wird, bindet ab, indem er Kristalle bildet. Bestimmte Sorten des an sich hochwertigen Portlandzements haben einen hohen Alkaligehalt. Treffen sie auf Zuschlagstoffe mit viel Flintstein, kann in Abhängigkeit von einigen Randbedingungen die Alkali-Kieselsäure-Reaktion in Gang kommen. Die Kristalle verleihen dem Beton zunächst ausgezeichnete Festigkeit. Doch das Kristallwachstum setzt sich sehr langsam, aber stetig, über das erwünschte Maß hinaus fort und führt am Ende zur Zerstörung der Betonstruktur. Solange die beiden Schwellenwerke in der DDR im Naßverfahren hergestellten Zement verwendeten, blieben die Schwierigkeiten aus. Von 1976 an wurde jedoch alkalischer Zement geliefert, weil der Naßzement vorrangig exportiert werden mußte.[4]

---

4 Zitiert nach Clemens Hahn: Die Geschichte einer Katastrophe, in: ModellEisenBahner, Berlin 8/1991

Das Nachsehen solcher in der Staatlichen Plankommission und im Bauministerium getroffenen Entscheidungen hatte vor allem die DR. Erst 1982 verwendeten das Betonwerk Rethwisch und 1983 das in Güsen alkaliarmen Zement; auch die Fertigung der Betonschwellen wurde verbessert. Unterdessen rauchten bei den Zuständigen der Deutschen Reichsbahn, vom Staatssekretär bis zum Leiter der „letzten" Bahnmeisterei, die Köpfe, wie man die 12 Millionen Alkalischwellen entsorgen und die Zufuhr neuer Schwellenjoche organisieren könne, woher die Arbeitskräfte kommen sollten, wie Umleitungsstrecken zu schaffen seien, wie überhaupt die Planzahlen des Transports angesichts derart eingeschränkter Streckendurchlaßfähigkeit zu erfüllen seien (man transportierte zu dieser Zeit bereits täglich 900 000 t). Denn vor den Planvorgaben durfte auf keinen Fall kapituliert werden: Nach der Ölpreisexplosion waren die Kapazitäten des Straßengüterverkehrs soweit „heruntergefahren" worden, daß der auch als vorübergehende Alternative zur Bahn ausschied. Dr. Sch., Erster Stellvertreter des DR-Generaldirektors, entwarf in einer Dienstberatung mit den Präsidenten der Reichsbahndirektionen das Szenario der nächsten Jahre angesichts sämtlicher Strecken mit Langsamfahrstellen, teilweise sogar gesperrt, des Umleitungsverkehrs und der zum Umbau notwendigen Arbeitskräfte. Man schwieg. Letztlich blieb nur die Haltung: Wir werden uns schon durchwursteln.

Von 1970 bis 1980 sank der Anteil der DR-Transportleistung am DDR-Binnentransport von 64,5 Prozent auf 62 Prozent. 1983 lag er bereits wieder bei 73,4 Prozent (siehe Tabelle 1). Bis 1990 sollte er auf 75,1 Prozent und bis 2 000 auf 76,5 Prozent erhöht werden. Und man wußte, daß die Gütermenge von 1986 bis 1990 um 30...40 Millionen t ansteigen wird, ohne daß der Güterwagenpark nennenswert erweitert werden sollte.

Verkehrsminister Arndt soll dem SED-Wirtschaftssekretär Mittag gemeldet haben, die Eisenbahn sei teilweise nicht mehr in der Lage, die Transportanforderungen der Volkswirtschaft zeit- und qualitätsgerecht zu erfüllen. Symptome waren Hunderte von unbespannten und Rückstauzügen und die horrenden Verspätungen der Güterzüge. Auf dem Bahnhof Bitterfeld war man stolz, wenn die Abfahrtspünktlichkeit der Güterzüge wenigstens an einem

Tabelle 1 Anteil einiger Eisenbahnen an den Gesamttransportleistungen des Landes im Jahre 1983 (in Prozent)

Land	Bahn-verw.	Anteil
DDR	DR	73,4
ČSSR	ČSD	68,5
Polen	PKP	68,1
Ungarn	MÁV	58,6
BRD	DB	28,6

Bahnhof Bautzen, das Empfangsgebäude war durch Artillerietreffer 1945 völlig ausgebrannt (28. Juni 1985). Foto: Biele

Bahnhof Hetzdorf mit Lokomotive 112 778 vor dem Personenzug nach Pockau-Lengefeld (Juni 1991) Foto: Erich Preuß

Tag bei 40 Prozent lag, sonst betrug sie 20 Prozent! Im Reisezugsektor war es nicht derart gravierend, aber die oftmals verspäteten Züge wurden von den Reisenden genauso schlimm empfunden, die entsprechend mit Eingaben und Zuschriften reagierten, vor allem im „Eulenspiegel“, der DDR-begehrten Satirezeitschrift, die sich als einziges Blatt in der DDR Zustandsbeschreibungen der DDR-Wirtschaft erlaubte. Es fehlte auch nicht an entsprechender Gegensteuerung, indem beispielsweise opulente Fahrzeitreserven vorgesehen und einige Züge als „Qualitätszüge“. eingestuft wurden, damit wenigstens diese pünktlich und sauber fuhren.

Der „Sputnik“-Verkehr (Doppelstockzüge zwischen Berlin und Potsdam Hbf, Werder, Brandenburg) über den Südlichen Berliner Außenring, der wegen des Berufsverkehrs immerhin einen bestimmten Vorrang vor anderen Zügen genoß, fuhr 1982 zu 40 Prozent pünktlich. Vom 1. bis 10. Juni 1982 wurden in Leipzig Hbf täglich bestimmte Züge (die Qualitätszüge!) beobachtet. 20 von ihnen fuhren an einem Tage insgesamt 323 min später ab. Im Mai 1988 fuhren im Rbd-Bezirk Schwerin nur 35,9 Prozent der schnellfahrenden Züge pünktlich.

Der Betonkrebs fraß die Schwellen

Im Mai 1987 wollten wir D., den Leiter der Hauptverwaltung Bahnanlagen, in der „Fahrt frei“ das Wort geben. In einem Vorgespräch umriß D. die Situation im Gleis-, Brücken- und Hochbau. In seinem Interesse verzichteten wir auf das Interview, denn, wäre D. bei seinen Erklärungen geblieben, hätte es ihn seinen Stuhl kosten können. D.'s Äußerungen waren die Bankrotterklärung einer Eisenbahn.

Gerade weil es an Modernisierung mangelte, blieb manch reizvolles Detail erhalten. Teicha an der Strecke Leipzig–Cottbus (12. Januar 1975). Foto: Schütze

Zwei Monate später gewährte Sch., der für die Bahnanlagen zuständige Stellvertreter des DR-Generaldirektors, ein Interview, in dem er sagte: „Das Tempo, in dem die materiell-technische Basis der Eisenbahn entwickelt wurde, entsprach nicht mehr der dynamischen Entwicklung der Volkswirtschaft, was sich entscheidend auf die Eisenbahn-Infrastruktur auswirkte, insbesondere beim Oberbau, bei den Brücken und der Sicherungstechnik. In vielen Positionen erreicht sie nicht den Stand, der notwendig ist, den enormen Leistungsanforderungen zu entsprechen. (...) Die heutige Situation wird mehreren Umständen geschuldet. In der Vergangenheit wurde viel Baukapazität für Investitionen verwendet, was oft zu Lasten der planmäßigen Instandhaltung ging. In den letzten zehn Jahren erhielten wir keine neuen Gleisbaumaschinen, die rückgängige Entwicklung bei den Arbeitskräften im Bau- und Anlagenbereich reduzierte die Instandhaltungskapazitäten zusätzlich.

Wir müssen auch die Alkalischäden sehen, von denen ein Großteil der Betonschwellen erfaßt ist. (...) Das instabile Streckennetz und die dichte Streckenbelegung führten zu ernsten Auswirkungen auf die Qualität und Wirtschaftlichkeit des Eisenbahnbetriebes. Wir haben alle Hände voll zu tun, um die Sicherheit der Eisenbahn zu gewährleisten."[5]

Anschaulicher konnte in DDR-Zeitungen die Situation nicht dargestellt werden, in die die DR Ende der achtziger Jahre geraten war. Doch die Offenheit hatte ihr Nachspiel. Ich meinte, ein Stellvertreter des Generaldirektors sei sich der Wirkungen eines Zeitungsinterviews bewußt. Der aber dachte: Alles, was in der „Fahrt frei" veröffentlicht wird, liest jemand in der Politischen Verwaltung nochmal, verwirft es oder befindet es für gut. Dem war aber nicht in jedem Fall so ...

Nach dem Erscheinen der Zeitung regte sich nichts, bis eine West-Berliner Zeitung dieses Interview aufgriff und unter Hinweis auf die „Fahrt frei" auf die Zustände bei der „DDR-Reichsbahn" aufmerksam machte. Jetzt tanzten die Puppen, doch alles beruhigte sich, und wir lachten später darüber, wenn wir uns sahen. Es war ja die Wahrheit. Aber ADN, der DDR-Nachrichtendienst, hatte von der Pressestelle des Ministeriums für Verkehrswesen Order erhalten, das Interview auf keinen Fall für seine Zwecke zu nutzen!

Daß die DR im letzten Jahr ihres Bestehens doch noch Oberbau mit Niveau erhalten sollte, auf denen Geschwindigkeiten bis zu 160 km/h nicht nur gefahren werden *sollten*, sondern auch *wurden*, daran hatte 1987 niemand gedacht. 1991 wurden 9 Milliarden DM und 1992 rund 10 Milliarden DM in die Infrastruktur der DR investiert. Zum Vergleich: Die DR hatte zwischen dem X. Parteitag der SED (April 1981 – es wurde immer von Parteitag zu Parteitag gezählt!) bis 1988 18,5 Milliarden Mark für Investitionen erhalten.

Die Infrastruktur war nicht nur im Oberbau unterentwickelt, genauso im Si-

---

5 Fahrt frei, Berlin, 13/1987

cherungswesen und im Hochbau. 1951 ging auf dem Bahnhof Königs Wusterhausen das erste Gleisbildstellwerk der DR in Betrieb, noch in der Bauform I, also ohne Automatisierung beim Einstellen der Fahrstraßen. Nur sehr zögernd erhielt die DR weitere Gleisbildstellwerke, denn der einzige Betrieb dafür, das Werk für Signal- und Sicherungstechnik Berlin, hatte vorrangig Exportpartner, vor allem in arabischen Ländern, zu beliefern. Und so nahm die DR bei Neubauten weiter mechanische Stellwerke in Betrieb (z. B. im Raum Schwarze Pumpe), ersetzte mit viel Mühe in den achtziger Jahren selbst, d. h. aus eigener Produktion, einige mechanische Stellwerke durch elektromechanische. Für kleinere Bahnhöfe mit einem bestimmten Gleisplan wurden aus der Sowjetunion Relaisstellwerke importiert. Diese vom Typ EZMG gingen zuerst am 23. Juni 1976 auf den Bahnhöfen Bischofferode und Bleicherode Stadt in Betrieb.

Jede Reichsbahndirektion erhielt Order, mit eigenen Kräften und Mitteln bis zum XII. Parteitag der SED 1990 zwei automatische Relaisblockstellen zu schaffen. Bis 1990 nahm der Arbeitskräfte- und Ersatzteilmangel für eine Vielzahl überalterter Stellwerke (Leipzig Hbf, Dresden-Neustadt!) anarchische Züge an! Aber den Leitern der Bahnhöfe hatte man immer geraten, keineswegs mit Hilfe anderer Rationalisierungsmaßnahmen Stellwerke stillzulegen, weil das die Nutzeffektberechnung für geplante Gleisbildstellwerke ungünstig verändere.

Fernsteuerung gab es nur vereinzelt, z. B. mit weitgestellten Abzweigstellen und Bahnhöfen. Die vielbesichtigte und gerühmte Fernsteuerstrecke Rostock–Waren fand ihr Ende, als die Strecke zweigleisig ausgebaut wurde und die Stellwerkstechnik nicht angepaßt werden konnte.

Der personalaufwendige und der wirklichen Betriebslage hinterherhinkende Dispatcherdienst erhielt 1984 unter großer Geheimhaltung die Rechnergestützte Dispatcherzentrale Erfurt, deren Fortsetzung bis Berlin sich bis 1990 hinzog.

Tabelle 2
Vergleich von Leistungen und technischer Ausstattung DR und DB im Jahre 1989

	DR	DB
Betriebslänge in km	14 035	27 045
davon mehrgleisig km	4 223	12 378
Personenbeförderungsleistung in Mio Pkm	22 830	27 284
Gütertransportleistung in Mio tkm	59 013	62 462
Mitarbeiter	267 635	254 491
Gleisbildstellwerke	521	1 599
Zugfunk km	3 573	15 375

Von 1987 an sollten funkferngesteuerte Rangierlokomotiven eingesetzt werden; doch über Anfänge im Bahnhof Rostock Seehafen kam die Entwicklung nicht hinaus. Der Rangierlokführer hatte derart große und schwere Steuergeräte zu tragen, daß ihm die Bedienung während einer vollen Schicht nicht zugemutet werden konnte.

Kaum erwähnt in Jubelberichten wurden die Hochbauten, die sich allesamt in einem desolaten Zustand befanden. Eine Bestandsaufnahme der Fachabteilung Hochbau der DR von 1988 wurde von der Leitung der DR bis zum Verkehrsminister nicht zur Kenntnis genommen (siehe Tabelle 3). Man wußte, warum.

Nicht einmal sämtliche Kriegsschäden waren beseitigt worden, wie es u. a. die zerstörten Lokomotivschuppen in Güsten und in Cottbus, die Güterabfertigung Leipzig Dresdner Gbf und das Empfangsgebäude des Bahnhofs Nauen zeigten, die alle nicht gerade unbedeutend waren.

Neben der Erneuerung zerstörter Bauwerke, wie des Lokomotivschuppens Halberstadt, der Bogenhalle des Querbahnsteigs Leipzig Hbf, gab es auch grundlegende Modernisierungen (1956 Merseburg) und Neubauten: Berlin Plänterwald 1957, Berlin-Halensee 1960, Schwarze Pumpe 1960 (leider kaum genutzt), Sangerhausen 1963, Potsdam Hbf, Plauen (Vogtl) ob Bf 1973, Flughafen Berlin-Schönefeld, Cottbus 1978, Berlin-Lichtenberg, Falkenhagen (bei Berlin), schließlich das Empfangsgebäude Berlin Hbf, das zum Redaktionsschluß dieses Buches noch immer nicht fertiggestellt ist. Verunglückt war die Modernisierung des Hallenser Hauptbahnhofs, der 1969 „ein repräsentatives Aussehen erhielt“. Die Aluminiumfassade verdeckte „die unschöne Bahnhofskuppel“, wie es hieß. 1988 wurde der ganze Zauber ent-

Tabelle 3
Sachanlagen der Deutschen Reichsbahn, Stand 1. Juli 1990

	Zahl	Anteil mit überschrittener wirtschaftlicher Nutzungszeit in Prozent	Anteil mit Baujahr vor 1870 in Prozent
Empfangsgebäude	2 590	33,2	13
Bahnsteige	4 759	74,8	
Bahnsteigüberdachungen	1 184	74,8	
Güterabfertigungen und Umladehallen	1 742	58,8	6,7
Lokomotivschuppen und Triebwagenhallen	638	50,8	
Schrankenwärtergebäude		81,5	29
Rampenüberdachungen		79,4	

fernt, und das Empfangsgebäude erhielt sein ursprüngliches Aussehen, nicht aber die Helme auf den Seitentürmen. Zu den wenigen neugebauten bzw. grundlegend modernisierten technischen Dienststellen gehörten das Bahnbetriebswagenwerk Berlin-Lichtenberg, das Bahnbetriebswagenwerk Berlin-Rummelsburg Abstellbahnhof und das Bahnbetriebswerk Neustrelitz sowie die Reichsbahnausbesserungswerke Cottbus und Halberstadt.

1959 begannen Versuche mit dem Streckenfunk zwischen Dresden und Glauchau, vor allem, um ihn für die Betriebsführung auf überbelegten eingleisigen Strecken zu nutzen. Erst 1980 begann, zunächst probeweise, auf der Strecke Dresden–Schöna ein selektives Zugfunksystem, das inzwischen auf dem Streckennetz der DR verbreitet und dem Zugbahnfunk der DB überlegen ist.

Als sei die DR mit der Wende zum großen Finale angetreten, bewies sie im November und Dezember 1989 mit den brechend vollen Reisezügen über die „Staatsgrenze" hinweg, mit welchem Enthusiasmus die Beförderungsaufgaben gelöst wurden. Der Ansturm auf die „grenzüberschreitenden" Züge war so groß, daß die Zuggeschwindigkeit wegen der einseitigen Belastung der Wagen (vor allem die Seitengänge waren überfüllt) auf 30 km/h beschränkt werden mußte. Gefahren wurde, was das Zeug hielt.

Aber das waren Leistungen für einige Wochen, die obendrein den Güterverkehr ernsthaft behinderten.

Abgesehen von diesen Spitzenleistungen nach dem Fall der Mauer war die DR in allen Jahren in höchstem Maße belastet gewesen. Was sich im zweiten Weltkrieg Höchstfahrplan nannte, war bei der DR der Dauerzustand! Am 3. November 1981 war die bei der DR bis dahin höchste tägliche Beladeleistung von 845 000 t erreicht worden. Bereits 1950 hatte Ernst Wollweber, seinerzeit Generaldirektor Schiffahrt, auf der Deutschen Verkehrskonferenz in Eisenach gesagt: „Wenn man ein Gefäß hat, in das eine bestimmte Menge hineingeht, ist dann das Problem die Menge, die in das Gefäß hineingeht? Nein, das ist nicht das Problem. Sondern, wenn die Menge größer ist, als das Gefäß faßt, dann ist das, was mehr ist, das Problem. Und was versuchen nun unsere Planer? Sie versuchen, immer wieder die größere Menge in das Gefäß der Reichsbahn hineinzustecken." Ungeachtet der Schwierigkeiten im Jahre 1950 sah die Regierungserklärung der Grotewohl-Regierung vom 15. November 1950 vor, die DR habe 1951 die Leistungen auf 160 Prozent des Vorjahrs zu steigern.

Mit der unzureichenden Infrastruktur konnte die DR nur mit großem Aufwand an Personal und unwirtschaftlich den Planvorgaben entsprechen. Sie in erforderlichem Maße zu modernisieren, hätte bedeutet, andere Industriezweige zu vernachlässigen, so wie die DR durch Schwerpunkte der Wirtschaft vernachlässigt wurde. L., der Direktor des Zentralen Forschungsinstituts des Verkehrswesen, sah sich deshalb 1985 auf einem Symposium veranlaßt, lapidar zu sagen, man werde „durch die Qualifizierung der Leitung, Pla-

Das Empfangsgebäude von Halle (Saale) Hbf vor der „Verschlimmbesserung“

nung und wirtschaftlichen Rechnungsführung die Effektivität der DR weiter (...) erhöhen.“

Bei allem Stolz auf die großartigen Transport- und Verkehrsleistungen und bei aller Anerkennung der mühevollen Arbeit der Eisenbahner unter mitunter primitiven Bedingungen, objektiv entsprach die DR nicht dem von Partei und Regierung in Anspruch genommenen Weltniveau. Es wurde auf Verschleiß gefahren.

Die französische Zeitschrift „La vie du Rail“ analysierte 1992 die europäischen Bahnverwaltungen nach dem Stand von 1989 und vergab die Noten 1 bis 10 (10 war die beste) hinsichtlich der Geschwindigkeit, der Frequenz der Züge, des Komforts, des Fahrpreises, des Materialzustandes, der Finanzlage, der Produktivität, der Pünktlichkeit, der Investitionskapazität und der Streckendichte, nahm aber die SNCF aus der Wertung. Die DR erreichte unter 25 Bahnen vor Polen den Platz 12 mit der Gesamtnote 5,8.[6]

6 Die Rangfolge: 1. Schweiz, 2. BRD, 3. Niederlande, 4. Schweden, 5. Österreich, 6. Belgien, 7. Großbritannien, 8. Finnland, 9. Italien, 10. Spanien, 11. Luxemburg, 12. DDR, 13. Polen, 14. Dänemark, 15. Ungarn, 16. Tschechoslowakei, 17. Norwegen, 18. Portugal, 19. Jugoslawien, 20. Rumänien, 21. Bulgarien, 22. Irland, 23. Nordirland, 24. Griechenland, 25. Albanien.

Bis 1988 die häßliche Fassade entfernt und das Empfangsgebäude renoviert wurde, hatte die Eisenbahn in Halle ihr Potemkinsches Dorf.

Ansicht des Empfangsgebäudes in dem wiederhergestellten Zustand von vor 1968. Nur die aufgesetzten Türme fehlen (1992).
Fotos: Erich Preuß

2 MAL SO, MAL SO

Die Traktionswechsel

Bei den Fahrzeugen stand die DR 1945 dem gleichen Chaos gegenüber wie mit ihrer Infrastruktur (siehe Abschnitt 1), und auch darüber ist häufig geschrieben worden.[7] Hier soll ein knapper Überblick genügen.

Die durch den zweiten Weltkrieg nach Deutschland „verirrten" Lokomotiven waren zum größten Teil zurückgeschickt worden. Eine Kommission hatte alle Bahnhöfe bereist, die abgestellten Lokomotiven erfaßt und fotografiert, so daß alsbald über deren weitere Verwendung entschieden und ein Teil zu ihren Bahnverwaltungen geschickt werden konnte, wie den ČSD und den PKP.

Bis 1955 waren immer noch fremde Lokomotiven und vor allem sehr viele Einzelexemplare der Länderbauarten und der ehemaligen Privat- und Kleinbahnen im Einsatz, wie die aus Frankreich stammenden Schnellzuglokomotiven 07 1001 und 08 1001 oder die in die Baureihen 89 oder 91 eingeordneten Maschinen. Im Winter 1955/56 sah ich in Dresden Hbf eine 38^{2-3} vom Bahnbetriebswerk Freiberg (Sachs) mit französischer Lokomotivnummer!

1950 waren 18 Prozent des Lokomotivbetriebsparks älter als 40 Jahre, 45 Prozent mehr als 35 Jahre alt. Weder die Überalterung noch die Struktur des Lokomotivparks (gleiches galt für die Triebwagen und Wagen) begeisterten die Mitarbeiter in den Werkstätten. In den fünfziger Jahren sorgte dann die von Generaldirektor Kramer initiierte „Gattungsbereinigung" für etwas Ordnung, wobei sich einige Bahnbetriebswerke benachteiligt fühlten, wenn sie ihre besten Lokomotiven an andere Dienststellen abgeben mußten. Angesichts der „Erbmasse" war auch mit der Gattungsbereinigung nicht allzuviel auszurichten. In bestimmten Bahnbetriebswerken blieben die Splittergattungen, wie die Baureihe 91 in Arnstadt. Oder die Bahnbetriebswerke Löbau,

---

7 Einen guten Überblick geben: Borchert/Kirsche, Lokomotiven der Deutschen Reichsbahn, Berlin 1986

Bautzen und Zittau fuhren Züge mit den Baureihen 38^{2-3}, $75^{4,5,10,11}$, 94^{21} wie zu sächsischen Zeiten.

Die weggebliebenen Lieferungen der Ruhrkohle und der schlesischen Steinkohlen wurden zum zweiten großen Problem im Betriebsmaschinendienst. Als Alternative galt nur die Braunkohlenbrikettfeuerung. Sie verringerte den Aktionsradius der Lokomotiven, z. B. bei Güterzuglokomotiven auf durchschnittlich 150 km, wobei die vierfache Menge Braunkohlen gegenüber Steinkohlen geschaufelt werden mußte. Die DR nahm den Erzeugern ein Drittel der gesamten Braunkohlenförderung der DDR ab! Hinzu kam die Uberlastung der Lokomotiven.

Ich erinnere mich noch gut, daß dem „Rollwagen", der Baureihe 38^{2-3}, vor dem 400 t schweren Eilzug Dresden–Zittau die Puste ausging, ehe er Neukirch (Lausitz) West erreichte. Der Zwangshalt zum Darnpfmachen brachte eine halbe bis eine Stunde Verspätung auf 105 km Strecke. Auf anderen Strecken häuften sich die Zugverspätungen infolge Lokschäden, weil man beispielsweise die Gewerkteile nur mit Draht oder mit zu kurzen Splinten sichern konnte. Der Verschleiß der Baureihe 41, die im schweren Schnellzugdienst eingesetzt wurde, machte 1949 im Rbd-Bezirk Magdeburg zu schaffen.

Der Deutsche Reichsbahn wurde zudem mit Befehl der Sowjetischen Militäradministration in Deutschland vom 14. September 1945 der Transport der Reparationsgüter mit DR-Lokomotiven und ihrem DR-Personal aufgebürdet. Diese (1945) 809 sogenannten Kolonnenlokomotiven mußten im mustergültigen Zustand sein, zumal sie bis zur polnisch-sowjetischen Grenze und bis weit in die UdSSR zu fahren hatten, das Personal auf sich gestellt war bzw. vom sowjetischen Militär genau beobachtet wurde, das selbst bei harmlosen Störungen schnell mit dem Vorwurf der Sabotage zur Hand war. 1946 wur-

Bei der Lokbestandsaufnahme gefunden: 13 401, ex PKP Pd 2, ex pr S 4 **Foto: ZBDR**

Während der Bestandsaufnahme wurde den abgestellten Lokomotiven die Betriebsnummer angeschrieben. Irrtümer waren nicht ausgeschlossen. 72 001 auf dem Anhalter Bahnhof in Berlin wäre beinahe eine 71 077 geworden (1946). Foto: ZBDR

52 4919 vom Bahnbetriebswerk Hoyerswerda war Kolonnenlokomotive 23 (1946). Foto: Paul

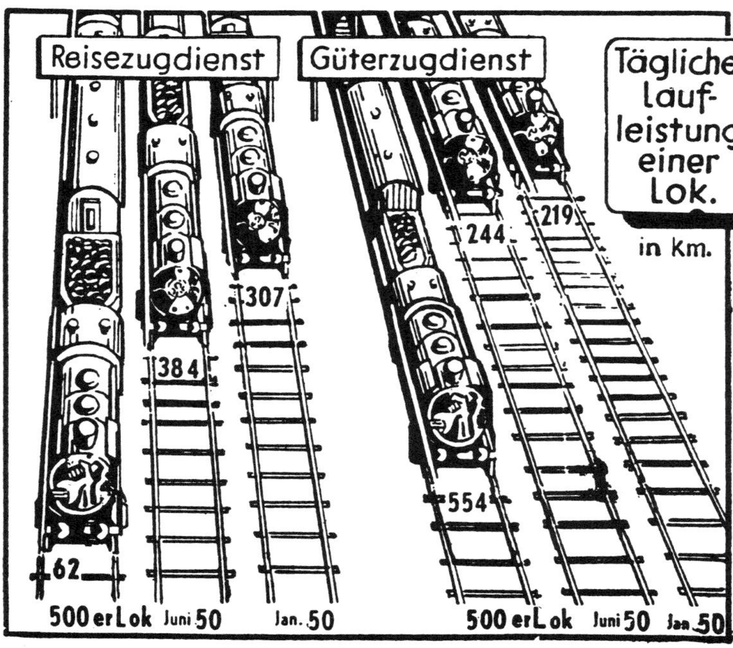

Die 500er Lokomotiven übertrafen die damals bescheidenen Laufleistungen anderer Lokomotiven Entnommen: „Fahrt frei“

den einige der Kolonnenlokomotiven dem DR-Betriebspark wieder zugeführt, im Gegenzug hatte die Deutsche Reichsbahn mehrere Rangierlokomotiven nach Stettin abzustellen.

Doch die Eisenbahner wußten sich in vielen schwierigen Situationen zu helfen, mögen manche heute darüber auch lächeln. Oskar Hönig (1912–1987), ein Zittauer Lokomotivführer, erfand das „Tote Feuerbett“ (Schamottesteine auf dem Rost als Filter), das verhindern sollte, daß die Braunkohlen vor der Verbrennung vom Rost fielen. Hans Wendler stellte am 1. Mai 1949 auf dem Bahnhof Berlin-Friedrichstraße die erste Kohlenstaublokomotive vor, die nicht die Schwächen der Systeme AEG und Stug besaß. Die DR baute 101 Lokomotiven (der Baureihen 03, 07, 08, 17, 25, 44, 52, 58, 65) nach dem System Wendler um und wurde zu der Bahnverwaltung in der Welt, die die meisten Kohlenstaublokomotiven mit Erfolg einsetzte (wenn erst nach 1976 im Bahnbetriebswerk Senftenberg die letzte Kohlenstaublokomotive ausgemustert wurde, beweist das deren Erfolg – die Chemiewerke waren nunmehr zum Hauptabnehmer des Kohlenstaubes geworden).

Schwerlastzüge und die sogenannte „500er Bewegung“ haben vor allem die Leipziger Lokomotivführer Paul Heine und Karl Fritsche bekanntgemacht, die am 13. Oktober als „Helden der Arbeit“ ausgezeichnet und mit „guten Posten“ belohnt wurden (als Amtsvorstand bzw. im Zentralvorstand der Eisen-

„Aktivistenlokomotive 5“ in Berlin-Schöneweide

bahnergewerkschaft), was beide nicht glücklich machte. Vor allem sollte der Lokomotiveinsatz ungeachtet der Braunkohlen- und Braunkohlenbrikettfeuerung effektiver werden. Mit der 500er Bewegung wurden – allerdings einzelne – arbeitstägliche Lokleistungen von 500 km und mehr erreicht. Zu den Spitzenleistungen, mit denen sich die Zeitungen und Zeitschriften beschäftigten (dabei den wirklichen Gesamtzustand der DR außer acht lassend), gehörte die Fahrt des Lokomotivführers K. vom Bahnbetriebswerk Berlin-Pankow am 23. August 1950 auf der Lokomotive 52 183 mit 79 beladenen Kohlenwagen (2 200 t) von Senftenberg nach Berlin. Gern wurde, wie später noch Brauch, mit Zahlen jongliert, die ein Außenstehender weder messen noch vergleichen konnte. Die Sollast für 1 180 Schwerlastzüge im Rbd-Bezirk Halle, so hieß es, betrug im August 1950 mehr als 1 193 000 t – befördert wur-

Hans Wendler und Paul Heine, vermutlich in Leipzig-Wahren (August 1951) Foto: ZBDR

Der Lokomotive 17 1042 wurde zur Vergrößerung ihres Aktionsradius ein Behälterwagen mit Kohlenstaub angehängt. **Foto: ZBDR**

55 669 bei Erfurt West, vor Personenzug nach Nottleben (Ende 1964) **Foto: Sammlung Erich Preuß**

den 1 561 400 t.[8] Bei der DR aber lag 1950 die spezifische Laufleistung bei 46 km je Lokomotive und Tag im Personenzugdienst, bei 42 km im Güterzugdienst.

Im organisierten Enthusiasmus solcher Bewegungen finden wir immer die Übertreibung. K., ein Fachmann für Feuerungstechnik der DR, behauptete z. B., das Lokpersonal sträube sich, Steinkohle oder Steinkohlenbriketts zu laden, wenn gute Braunkohlenbriketts am Lager seien. Er wurde korrigiert: „Diese Bemerkung darf wohl stark angezweifelt werden; denn welcher Heizer wird nicht lieber auf der gleichen Fahrstrecke nur 5 t Steinkohle in die Feuerkiste schippen als 8,3 t guter Braunkohlenbriketts."[9]

8 Der Verkehr, Berlin 10/1950, Seite 82
9 Der Verkehr, Berlin 12/1950, Seite 154

Solange nur Braunkohlen zur Feuerung der Lokomotiven zur Verfügung standen, war die DR mit Schadenersatzansprüchen wegen durch Funkenflug angebrannter Getreidefelder oder Gebäude beschäftigt. 1950 erhielten alle Lokomotiven die Funkenschutzeinrichtung „Ostermann-Biesen".

Den Flachejektor nach dem Patent Giesl-Gieslingen (1903–1992) erhielten fast 600 Lokomotiven, denn er sollte bis zu 10 Prozent an Kohlen sparen. 200 Lokomotiven fuhren mit Ölhauptfeuerung.

Weitere kleine Verbesserungen wurden bis Mitte der sechziger Jahre erdacht, verworfen, dann doch eingeführt. So hatte sich die Versuchs- und Entwicklungsstelle der Maschinenwirtschaft Halle mehrerer Neuerervorschläge zu erwehren, wie den einer Tenderwand zum Schutz des Personals auf den Lokomotiven der Baureihe 38^{10-40} beim Tender-voran-Fahren. Die Versuchsstelle argumentierte seinerzeit, das Ende dieser Lokbaureihe sei ohnehin bald abzusehen, wozu sollte man noch Geld mit deren Verbesserung verlieren? Die Wand kam dann doch auf eine Lokomotive im Bahnbetriebswerk Angermünde.

Aber am 15. Mai 1958 stellte diese Versuchsstelle einen Stokertender (zu Ehren des V. Parteitages der SED, versteht sich) vor, der mit der Lokomotive 03 1010 gekuppelt werden sollte. Er kam von der Lokomotive 45 024 und war als Kohlenstaubtender bei der 58 1346 verwendet worden. Die Vergleiche zur herkömmlichen Kohlenbeschickung scheinen nicht günstig verlaufen zu sein, denn im Unterschied zur ČSD-Baureihe 556 wurden Stokertender bei der DR nicht heimisch.

Die Abkehr vom Improvisieren mit den Vorkriegs- und noch älteren Lokomotiven begann mit dem Neubau- und Rekonstruktionsprogramm. Von 1954 bis 1960 wurden der DR vom VEB Lokomotivbau „Karl Marx" Babelsberg

Tabelle 4
Das Ende des Dampfbetriebes bei der Deutschen Reichsbahn[1]

28. Dezember 1960	50 4088 als letzte Neubaulokomotive an die DR ausgeliefert
1965	Abschluß des Rekonstruktionsprogramms
1980	Ende des planmäßigen Einsatzes der Baureihen 44^{0} und 01^{5}, Rückbau von Öl- auf Kohlenfeuerung bei den Baureihen 03, 44, 95 und 99
28. Mai 1983	letzter dampflokbespannter Schnellzug
1985	Ende der Instandsetzung der Baureihen 50^{1} und 52^{1}
30. Dezember 1986	Ende des Einsatzes der 41^{1} in Saalfeld
18. November 1987	letzte Altbau-50, 50 3145, in Aue abgestellt
28. Mai 1988	Ende des Dampfbetriebes in Oschersleben und damit auf der DR-Normalspur

[1] Aus: Die Deutsche Bahn, München 1991, Seite 86

74 1254 vom Bahnbetriebswerk Berlin-Pankow wirbt für die Einheit Deutschlands (nach SED-Muster).
Foto: ZBDR

360 Lokomotiven geliefert, und zwar die Baureihen 23^{10}, 50^{40}, 65^{10}, 83^{10} und $99^{23-24, 77-79}$. Letzte an die DR ausgelieferte Dampflokomotive war am 28. Dezember 1960 die 50 4088, sieht man von der am 15. Oktober 1988 gelieferten SAXONIA ab, dem Nachbau der berühmten Schubert-Lokomotive von vor 150 Jahren.[10]

In den Reichsbahnausbesserungswerken begann Ende der fünfziger Jahre die Rekonstruktion von 662 Dampflokomotiven, weil die Neubauten nicht reichten, um den Lokomotivpark zu verjüngen. Unter Rekonstruktion, einer Zwischenstufe von Generalreparatur und Neubau, verstand man den Ersatz der Treib- und Kuppelstangen der Kessel sowie weiterer Bauteile und -gruppen, quasi war es Neubau in eigenen Werkstätten. Die erste rekonstruierte Dampflokomotive war die 50 3501 vom Jahre 1958, die letzte die 01 535 im Jahre 1965. In dieses Programm kamen die Lokomotiven der Baureihen 01, 03, 39, 41, 50, 52, 58 und $99^{5,6,72-76}$. Während die anderen rekonstruierten Maschinen in bestimmten Reihen der Ordnungsnummern umnumeriert wurden, z. B. 52 in 52^{80}, erhielten die Lokomotiven der Baureihe 39 die neue Baureihenbezeichnung 22. Die Rekonstruktion der Lokomotiven aus der Baureihe 01^{2} (neu 01^{5}) zeitigte auch fürs Auge erstaunliche Veränderungen, denn die Maschinen dieser Baureihe erhielten im Vergleich zu ihrer Ursprungsausführung eine elegante Form.

---

10 Gebaut im Raw „Ernst Thälmann" Halle und ausführlich beschrieben in Schnabel: SAXONIA, Berlin 1989

Allerdings war es nicht so, daß überall bei der DR diese Bemühungen um Modernisierung des Lokomotivparks sichtbar wurden. Zittau beispielsweise behielt die 75er badischer und sächsischer Herkunft; Maschinen der Baureihe 38^{2-3} wechselten ständig mit welchen der Baureihe 38^{10-40}, weil erstere für die Schnell- und Eilzüge zu schwach, die zweiten, also die preußischen P 8, für die Brücken zu schwer waren. Im Güterzugdienst stand die 58^{2-4}, die mehrmals mit der 52 gewechselt wurde. Die 52er paßten aber nicht auf die Zittauer und die Bischofswerdaer Drehscheibe, so daß zwischen Bischofswerda und Zittau immer mit Tender voran gefahren werden mußte. Das Bahnbetriebswerk Görlitz, für die Bespannung der E 293/E 296 Berlin–Zittau–Berlin zuständig, konnte die Baureihe 39 bzw. 22 wegen der Achsfahrmasse nicht nach Zittau geben, sondern verwendete die 38^{10-40} und, als diese nicht mehr zur Verfügung stand, die 50 und 52, die zwischen Löbau (Sachs) und Görlitz ihre 80 km/h fuhren und die Fahrzeiten hielten!

Wie im 1. Abschnitt erwähnt, setzte sich aus Gründen des Überlebens das Politbüro der SED dafür ein, die in die UdSSR verbrachten Anlagen und Fahrzeuge der elektrischen Traktion zurückzubekommen, damit wenigstens die stark belasteten Strecken im mitteldeutschen Raum wieder elektrisch befahren werden konnten. 1953 begann die Elektrifizierung des 49,6 km langen Abschnitts Halle (Saale) Hbf–Köthen, von Verkehrsminister Kramer am 1. September 1955 eröffnet. An diesem Tag standen 14 generalüberholte Lokomotiven der Baureihe E 44 zur Verfügung. Die E 44 031 war geschmückt mit Fähnchen und Girlanden und den sinnigen Losungen: „Die SU war und ist der Verfechter für die Wiederherstellung der Einheit Deutschlands" und „Die Elektrifizierung wird bei uns mit eigener Kraft ohne die Hilfe ausländischer Kapitalisten durchgeführt!"

Die 78 427 1970 in Lübbenau (Spreew) erhielt Wittebleche, und aus den preußischen Abteilwagen wurden rekonstruierte Zwei- und Dreiachser, jeweils mit nur einer Tür auf jeder Seite. Foto: Erich Preuß

62 007 bereits edv-gerecht umnumeriert in 62 1007-4, mit preußischen Abteilwagen (kein Sonderzug!), vor dem Personenzug Berlin-Lichtenberg – Wriezen in Tiefensee (September 1970)

52 8199 vor Eilzug Berlin–Zittau in Mittelherwigsdorf (Sachs) (April 1973)

Lokomotive 38 2833 mit dem Ejektor nach Patent Giesl, von Lokfreaks respektlos Quetsch-Esse genannt, in Saalfeld (Saale) (15. Mai 1971)
Fotos: Reiner Preuß

Am 29. Dezember 1955 folgten die elektrifizierten Abschnitte Köthen–Schönebeck (Elbe), am 20. Dezember 1956 Schönebeck (Elbe)–Magdeburg und am 7. November 1958 Halle (Saale)–Leipzig.

Die DR hatte im Winter 1952/53 aus der UdSSR 185 Lokomotiven zurückerhalten, darunter Maschinen bereits angejahrter Baureihen, wie E 42, E 50, E 71, E 75, E 90, E 92, die nicht wieder instand gesetzt wurden. Neben ein bis drei Exemplaren der Baureihen E 05, E 17, E 18, E 21, E 95 waren aber auch mehrere der Baureihen E 04, E 44, E 77, E 94 dabei, mit denen die DR zunächst auskam.

Das Wort Demontage war in der DDR nicht nur peinlich, sondern tabu. Auf einer „Wissenschaftlichen" Konferenz der Hochschule für Verkehrswesen „Friedrich List" Dresden zum Thema „40 Jahre Eisenbahn in Volkes Hand" hieß es 1985, diese Lokomotivrückgabe sei eine sowjetische Hilfe gewesen und für die Traktionsumstellung „wichtige Voraussetzung(en)" für die „kontinuierliche Verbesserung der materiell-technischen Grundlagen des Eisenbahnverkehrs in den zurückliegenden Jahren", ohne die vorausgegangene Demontage zu erwähnen.[11]

Entsprechend den Vorarbeiten aus dem Ministerium für Verkehrswesen stellte 1958 der V. Parteitag der SED die Aufgabe, die Elektrifizierung verstärkt fortzusetzen. Bis zum 7. November 1958 (abermals ein Jahrestag: der der Großen Sozialistischen Oktoberrevolution) mußte die Elektrifizierung des Nördlichen Leipziger Güterrings und der Strecke Halle (Saale)–Leipzig fertiggestellt sein. Seit 25. Mai 1963 fuhr man auf der Strecke Altenburg–Zwickau elektrisch, und die Elektrifizierungsarbeiten am sogenannten sächsischen Dreieck (Dresden–Leipzig–Zwickau–Dresden) begannen.

Der Lokomotivmangel und der Zwang, auch auf kurzen Abschnitten wirtschaftliche Effekte zu erzielen, sogar um den Preis aufwendiger Technologien, waren die Gründe für die abschnittsweise Nutzung der elektrifizierten Abschnitte auf Kosten der Reisezeiten. Den D 96 ließ man z. B. während des Sommerfahrplans 1965 zum Lokwechsel in Karl-Marx-Stadt 12 min und in Glauchau 13 min halten, um für 32 km die elektrische Traktion zu nutzen. Während der zweiten Elektrifizierungswelle wurden dann auch ziemlich unbedeutende Bahnhöfe zu Umspannbahnhöfen selbst für Schnellzüge wie Rangsdorf, Ludwigsfelde, Brenitz-Sonnenwalde, Nauen, Löwenberg (Mark), Satzkorn.

Schon wegen der fortschreitenden Elektrifizierung stellte die DR ein Typenprogramm auf, zu dem die ersten Neubaulokomotiven der Baureihe E 11 gehörten, deren erste der VEB Lokomotivbau-Elektrotechnische Werke „Hans Beimler" Hennigsdorf bei Berlin Anfang 1961 zur Erprobung übergeben hatte. 1964 folgte die Güterzugversion, die E 42. Bis 1983 sind 96 Stück der

---

11 Vorträge der Wissenschaftlichen Konferenz der Hochschule für Verkehrswesen „Friedrich List" im Rahmen der Feierlichkeiten „40 Jahre Eisenbahn in Volkes Hand – 150 Jahre Deutsche Eisenbahnen" 27. bis 28. November 1985, Seite 24

Daß 52 2330 den „Pannonia-Expreß" Sofia–Berlin von Weinböhla nach Elsterwerda schleppt, lag am Schieberschaden, den die 01 114 erlitt.
Foto: Kluge

25 001 wurde 1954 zum ersten Mal vorgestellt, bald darauf auf Kohlenstaubfeuerung umgebaut.
Foto: Sammlung Erich Preuß

Die Neubau-Reihe 83 sollte die älteren Nebenbahnlokomotiven ablösen, es blieb bei der Beschaffung von 27 Maschinen. 83 1006 in Langenleuba-Oberhain. (Mai 1968)
Foto: Böhme

P 986 Berlin-Schöneweide–Elsterwerda verläßt mit Oldtimer-Zug (drei sächsische, ein belgischer Abteilwagen und ein umgebauter, ehemals preußischer Abteilwagen) sowie 35 1019 den Bahnhof Zentralflughafen Berlin-Schönefeld.
Foto: König

Neubaulokomotive für 750 mm Spurweite: 99 1772 in Radeburg (16. August 1975)
Foto: Reiner Preuß

E 11 (211, jetzt 109) und 292 der E 42 (242, jetzt 142) gebaut worden. Für den elektrischen Inselbetrieb Blankenburg (Harz)–Königshütte mit 25 kV/ 50 Hz Wechselspannung aus dem Landesnetz vom 10. September 1965 an kaufte die DR 15 Lokomotiven der Baureihe E 251 (251, jetzt 171).

1952 begann der Aufbau eines Parks von Diesellokomotiven und -triebwagen für die DR. Dem Lokomotivbau wurde vorgegeben, weitgehend zu standardisieren, möglichst gleiche Maschinenanlagen für Lokomotiven und Triebwagen vorzusehen und so einer Typenvielfalt über das notwendige Maß hinaus zu begegnen.

Zum ursprünglichen Typenprogramm gehörten:
- V 18, V 22 (180...220 PS)
- V 60 (650...1 200 PS)
- V 100 (650...1 200 PS)

65 1012 vor Personenzug Erfurt–Saalfeld (Saale) bei Rottenbach (14. Mai 1977) **Foto: Erich Preuß**

- V 180 in der Achsfolge C'C' (2 x 650...1 200 PS)
- V 200 (2 x 650...1 200 PS)
- zweiachsige LVT (180...220 PS)
- vierachsige LVT (2 x 180...220 PS)
- SVT (650...1 200 PS je Triebkopf).

Die Lokomotiven geringer Leistung und die Leichttriebwagen erhielten anfangs den sechszylindrigen 6KVD18-Viertakt-Dieselmotor vom VEB Motorenwerk Roßlau, die leistungsstärkeren Lokomotiven und der Schnelltriebwagenzug die Baukastenreihe des zwölfzylindrigen 12KVD21-Viertakt-Dieselmotors vom VEB Motorenwerk Berlin-Johannisthal. Die Diesellokomotiven kamen vom VEB Lokomotivbau „Karl Marx" Babelsberg und vom LEW, die LVT-Dieseltriebwagen vom VEB Waggonbau Bautzen, der Schnelltriebwagen vom VEB Waggonbau Görlitz.

Die letzte Neubau-Dampflokomotive für die DR: 50 4088 im Bahnbetriebswerk Wittenberge, bereits von der Ausbesserung zurückgestellt (18. Juni 1976). Foto: Reiner Preuß

Die deutschen Bahnen feierten zweimal ihr 150jähriges Jubiläum: die DB 1987 anläßlich der Eröffnung der Strecke Nürnberg–Fürth, die DR im April 1989 anläßlich der ersten deutschen Fernbahn Leipzig–Dresden. Dazu wurde die SAXONIA nachgebaut. Der Kessel wurde im VEB Dampfkesselbau Dresden-Übigau zusammengesetzt. Von der DR erhielt die Lokomotive die Betriebsnummer 89 8888, im gesamtdeutschen Nummernplan vom 1. Januar 1992 088 895 (21. Juni 1988). Foto: Sprang

Die Rekonstruktion der Baureihe 01 galt in jeder Hinsicht als besonders gelungen. 01 0503 mit Boxpokrädern in Züssow (31. Mai 1975). Foto: Reiner Preuß

Sinniges im Bahnbetriebswerk Wismar (25. März 1982) Foto: Schütze

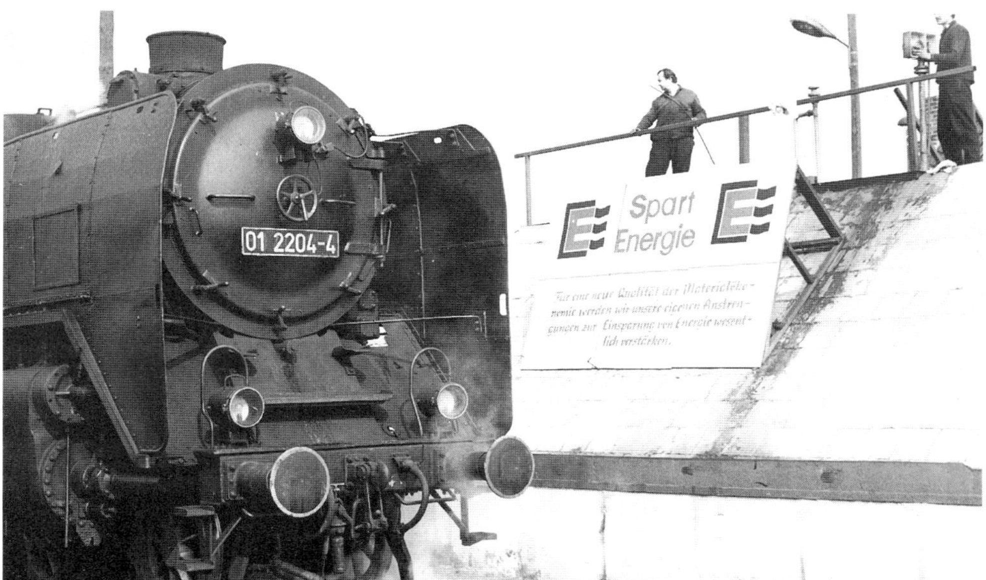

Bei der Jagd der Liebhaberfotografen nach den letzten Schnellzugdampflokomotiven wurde die Kriegslokomotive, Baureihe 52, kaum gewürdigt. Gerade von ihr gab es so viele Spielarten. 52 9425 in Calau (Niederlaus) (3. April 1971). Foto: Reiner Preuß

52 1630 in Sohland (Spree) (24. August 1978) Foto: Erich Preuß

52 6708 in Hohenbocka (19. Juni 1970)
Foto: Erich Preuß

Reichsbahn-Lyrik im Bahnbetriebswerk Röblingen (25. Oktober 1976)
Foto: Schütze

Eröffnung des elektrischen Zugbetriebs Roßlau–Leipzig am 31. Mai 1958 in Leipzig Hbf. Vorwärts ging es zum V. Parteitag der SED, und an der Längsseite der Lokomotive hieß es: „Sichert den pünktlichen und störungsfreien Betriebsablauf – spart Braunkohlenbriketts und Energie!“ Wer sollte sich angesprochen fühlen?
Foto: Sammlung Schütze

Max Baumberg der Leiter der Versuchs- und Entwicklungsstelle der Maschinenwirtschaft der DR Halle (1906–1978), dem die Lokomotivfreunde den Grundstock der „Traditionslokomotiven der DR“ zu danken haben, auf der Bremslokomotive 04 0015, ex 19 015, in Nedlitz (23. September 1973).
Foto: Sammlung Schütze

E 95 01 in Halle (Saale) Gbf

204 015, ex E 04 15, zwischen Leipzig Hbf und Großkorbetha

254 052, ex E 94 094, vor dem Transitzug München–Berlin in Leipzig-Mockau (Juli 1981)
Foto: Wünschmann

E 18 31 zwischen Halle (Saale) Hbf und Leipzig Hbf (1964) Foto: ZBDR

Vizepräsident Wendel bei der Festrede, als das (demontierte und wiederaufgebaute) Reichsbahnkraftwerk Muldenstein sich mit dem Namen „Deutsch-Sowjetische Freundschaft" schmücken durfte. Der sowjetische „Freund" (ganz links) durfte nicht fehlen (12. Mai 1964). Foto: Rbd Halle

242 081, ex E 42 081, in Altenburg (25. November 1978) Foto: Erich Preuß

Bereisung der Strecke Blankenburg (Harz)–Drei Annen Hohne Ost vor der Elektrifizierung der Rübelandbahn. Nicht nur der Abschnitt Königshütte–Tanne, auch die Abzweigstelle Hornberg–Drei Annen Hohne Ost wurden beim Umbau der Rübelandbahn stillgelegt. Das Bahnhofsgebäude von Drei Annen Hohne nutzte die MITROPA als ihr Ferienheim.

E 211 001 sollte ein Exportschlager für 50-Hz-Strecken werden, wurde aber nicht von der DR übernommen. Bei Rübeland (Harz). Foto: Reiner Preuß

Erster Diesellokomotivneubau nach dem Kriege, die V 15. V 15 2271 vor dem Personenzug Rennsteig–Frauenwald (Thür) in Rennsteig (vermutlich 1960).

102 135, die sogenannte Gartenlaube, neben dem neuen S-Bahnhof Berlin Springpfuhl (25. März 1979)
Foto: Erich Preuß

In der Altmark waren bis zur Verdieselung neben der Dampflokbaureihe 64 die früheren Kleinbahn-Triebwagen zu Hause. Bismark (Altmark) (vermutlich 1975).

106 845 in Eberswalde Hbf (Mai 1983)
Foto: Erich Preuß

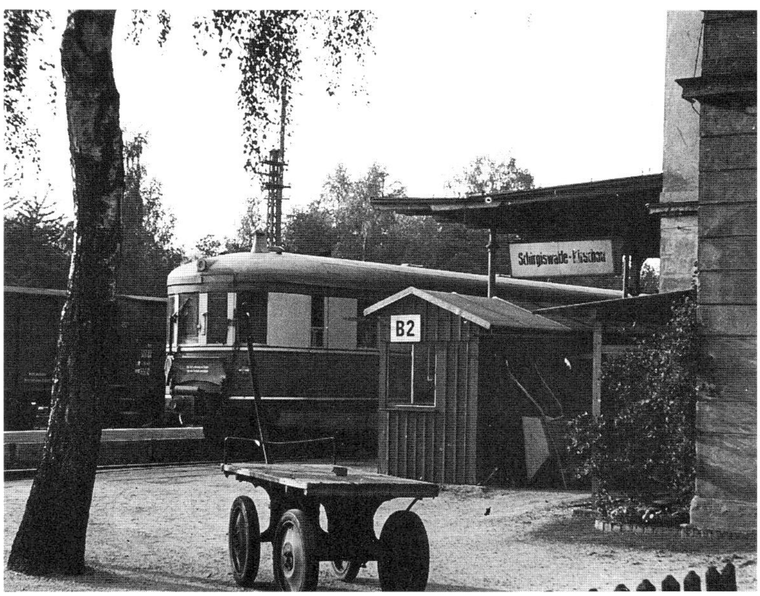

Das Bahnbetriebswerk Dresden-Pieschen war bis Anfang der siebziger Jahre für Triebwagen-Eilzüge nach Berlin, Karl-Marx-Stadt und Zittau zuständig, die seinerzeit als exklusiv galten. 184 001 in Schirgiswalde-Kirschau (1970).
Foto: Wollmann

Mit Trieb-, Steuer- und Beiwagen konnten sie wechselnden Verkehrsbedürfnissen gut angepaßt werden. Dieser Zug von Neuruppin nahe Velten (Mark) bestand aus sechs Fahrzeugen, um einen Leerzug zu sparen (August 1982). Foto: Erich Preuß

Vierachsige Triebwagen sollten die Lücke zwischen den zweiachsigen Leicht- und den Schnelltriebwagen füllen. VT 4.12.01, später 173 001, auf Probefahrt des VEB Waggonbau Bautzen in Zittau (1963). Foto: Reiner Preuß

Regulärer Personenzug (!) mit 110 049 bei Naumburg (Saale) (August 1971)

Für die Meterspur adaptiert: 199 891 in Stiege (29. April 1991) Foto: Reiner Preuß

1960 begann die Verdieselung

Im Rangierdienst und im Personenzugdienst setzte bereits 1960 die Verdieselung ein, wenn auch nur in kleinen Schritten. Die altertümlichen Tenderlokomotiven, meist aus Zeiten der Länderbahnen, wurden ausgemustert, als die Rangierlokomotiv-Baureihen V 15, V 22 und V 60 kamen. Diese Lokomotiven wurden auf einigen Nebenbahnen sogar vor Reisezügen eingesetzt, mit Beiwagen von Triebwagen oder kohlenbeheizten Personen-, in den frühen sechziger Jahren sogar mit Behelfspersonenwagen, die aus dem zweiten Weltkrieg stammten. Derartige Zugkompositionen sah man in der Altmark, zwischen Zinnowitz und Peenemünde, Königswartha und Hoyerswerda sowie im Berliner Umland. Von den vierachsigen Triebwagen der Baureihe 173 entstanden nur zwei in zwei Varianten. Sie waren beim Bw Cottbus beheimatet.

Anstelle der C′C′-Version der Baureihe V 180 wurden 1965 zuerst Lokomotiven mit der Achsfolge B′B′ ausgeliefert, wegen des 57prozentigen Anteils von Strecken, die nur 16...18 t Achsfahrmasse aufnahmen, dann aber doch die C′C′-Ausführung gebaut. Mit der Baureihe V 180 verschwanden vor allem die 38^{10-40} und die 23^{10}, und die 03 wurden oft umstationiert.

111 008 in Wittstock (Dosse) (19. Februar 1982) **Foto: Erich Preuß**

Die Baureihe V 180 auf der ersten Probefahrt auf dem Berliner Außenring am 9. März 1960. Vermutlich gestellte Aufnahme der V 180 001 vor einem Doppelstockgliederzug. Mit „normalen" Doppelstockwagen begann der Regelbetrieb zwischen Berlin-Karlshorst und Werder (Havel) bzw. Brandenburg Hbf am 26. Mai 1963 Foto: ZBDR

Von der geplanten Baureihe V 240 kam Anfang 1965 nur eine zum Bw Neustrelitz, sie wurde von der DR aber erst 1971 übernommen, umgebaut und als 118 202 (jetzt 228 202) bezeichnet. Daß man statt dieser Baureihe die Lokomotiven aus der Sowjetunion importierte, wurde so begründet: „Es werden Lokomotiven mit Leistungen von 3 000 bis 4 000 PS erforderlich sein. (...) Lokomotiven dieser Leistungsgröße werden in der DDR nicht gefertigt, sondern nach den RGW-Vereinbarungen aus der UdSSR beschafft."[12] Als weitere Begründung für den Abbruch der Entwicklung wurde angeführt, daß sich die DDR-Industrie auf die hydraulische Leistungsübertragung konzentriert habe. Für Leistungen von mehr als 2 500 PS galten diese aber technisch und wirtschaftlich als unzweckmäßig Die Alternative wäre gewesen, eigene dieselelektrische Lokomotiven zu entwickeln, für die aber neben Erfahrungen und Kapazitäten auch das Kupfer fehlten. Das sollte ja mit dem Abbremsen der Streckenelektrifizierung gespart werden!

12 Glatte/Reinhardt: Diesellok-Archiv, Berlin 1970, Seite 146

An die Abstimmung im Rat für gegenseitige Wirtschaftshilfe, wer was baut und liefert, hielt sich nur die DDR, zumal solche Abstimmungen nur den Charakter von Empfehlungen hatten, zu Beschlüssen kam es nicht. Ungarn, Polen und die ČSSR bezogen zwar sowjetische Diesellokomotiven, bauten aber weiter solche aller Leistungsklassen.

Mitte der sechziger Jahre glaubten hohe Partei- und Wirtschaftsfunktionäre, allen voran Günter Mittag, Sekretär im Zentralkomitee der SED, die Elektrifizierung in Frage stellen zu können. Begründet wurde die neue Haltung mit dem unvergleich höheren Bauaufwand, vor allem den Kosten für die ortsfesten Anlagen, gegenüber der Verdieselung, wobei man kaum bedachte, daß auch beim Dieselbetrieb die technischen Anlagen, die Ausbesserungswerke und die Bahnbetriebswerke umgestellt werden mußten. Wichtige Gründe, die jedoch nicht offen diskutiert wurden, waren die niedrigen Kosten des von der UdSSR gelieferten Erdöls, während der Elektroenergiebedarf in der DDR explodierte, obwohl die Kapazitäten für den Kraftwerksbau hinterherhinkten.

Am 17. März 1966 beschloß der DDR-Ministerrat, den Traktionswechsel der DR verstärkt auf die Dieselzugförderung umzustellen. Sie sei von 3 Prozent im Jahre 1965 auf 72 Prozent im Jahre 1978 zu beschleunigen. Von sofort an durften nur noch die im Umbau befindlichen und die bereits projektierten Strecken elektrifiziert werden. Dieser Beschluß wurde von den meisten Eisenbahnern mit Unverständnis aufgenommen und ständig kritisiert. Fortan aber wurde in Publikationen stets der Vorteil der Dieseltraktion gegenüber der elektrischen herausgestrichen.

Dem erwähnten Ministerratsbeschluß kamen der große Exportüberhang der DDR in der Sowjetunion, die sofortige Lieferbereitschaft der sowjetischen Lokomotivfabriken und die Mängel in der DDR-Zulieferindustrie für die DDR-Lokomotivfabriken entgegen. Nun wurden in großen Stückzahlen dieselelektrische Lokomotiven mit Leistungen von 1 470...3 000 kW eingeführt.

Die DR mußte sich der Entscheidung der Partei- und Staatsführung beugen. Weder die Hauptverwaltung Maschinenwirtschaft der DR noch die ihr unterstellte Versuchsstelle in Halle hatten an einem Pflichtenheft mitgewirkt und konnten erst nach Erprobung der Baumuster auf Veränderungern hinwirken. Unter Eisenbahnern hieß es zu den Anpassungen an die Verhältnisse bei der DR, die Lokomotiven werden „germanisiert". Jede Lokomotivlieferung aus der Sowjetunion wurde als brüderliche Hilfe und Freundschaftstat gefeiert, geradeso, als habe man sie geschenkt bekommen. Die Euphorie über die Dieseltraktion übertrug sich in ganz anderer Weise auf die Dampflokenthusiasten und Journalisten, die gern ein Dampflokfoto veröffentlichen oder über die Dampflokomotive schreiben wollten, denn sie kamen in den Geruch, Ewig-Gestrige zu sein. (Solche undifferenzierte Fortschrittsgläubigkeit war und ist übrigens kein DDR-Spezifikum, auch andere Bahnverwaltungen schämen sich noch heute ihrer Dampflokomotiven!) Dabei erwiesen sich zumindest die Lokomotiven der Baureihe V 200 als störanfällig und brachten wegen der feh-

118 341 vor dem umgeleiteten Schnellzug Görlitz–München auf der bogen- und steigungsreichen Strecke bei Cunewalde (18. April 1978)
Foto: Friedrich

Tabelle 5
Die Familie der Lokbaureihen 130, 131, 132 und 142 aus der UdSSR

Baureihe	Höchstgeschw. in km/h	Elektr. Zugheizung	Lieferjahre	Stückzahl
130 (230)	140	ohne	1969...1973	82
131 (231)	100	ohne	1973, 1974	76
132 (232)	120	mit	1974...1982	709
142 (242)	120	mit	1977, 1978	6

lenden Heizeinrichtung betriebliche Schwierigkeiten. Dennoch setzten die Bahnbetriebswerke diese Lokomotiven auch bei Kälte vor Reisezügen ein. Wer sich auflehnte, wie ein Zugführer beim Bahnhof Cottbus, weil er den ungeheizten Zug nicht hinnehmen wollte, wurde gemaßregelt.

Gegen den Lärm der V 200 mußten, vor allem nach Protesten der Bahnanwohner, von den Reichsbahnausbesserungswerken Schalldämpfer eingebaut werden, zu erkennen an den kuchenblechartigen Dachaufbauten. In der Sowjetunion spielte das Dröhnen dieser Lokomotiven offenbar keine Rolle; in der DDR hatten diese Lokomotiven (und nicht die V 300, später 130, jetzt 230, wie im Westen immer wieder geschrieben wurde) ihren Spitznamen weg: „Taigatrommel". Mit der V 200 aber gelang im Güterzugdienst der Durchbruch bei der Traktionsumstellung von der Dampflokomotive, erst recht mit der Baureihe 132 (ex V 320, jetzt 232) im Personenzugdienst. Die Dampflokomotiven wurden reihenweise abgestellt. 1959 traf es die 01 001 als erste Einheitslokomotive bei der DR, die „auf den Rand gestellt" wurde.

Dazu kam die von 1977 an importierte Baureihe 119 (jetzt 219) aus Rumänien, die von der Grundkonzeption einer Fortentwicklung der 118 $^{2-4}$ entsprach und die Strömungsgetriebe aus Dresden erhielt. Die DR benötigte 270 Lokomotiven mit einer Leistung von über 2 000 PS, elektrischer Zugheizung und einer Achsfahrmasse nicht über 16 t. Hennigsdorf, einziger DDR-Lokbauer, war mit Exportaufträgen überhäuft, UdSSR-Fabriken konnten nur schwere Diesellokomotiven bauen, aber die Lokomotivfabrik Bukarest war bereit, das Baukastenprinzip zu übernehmen und DDR-Motoren einzubauen. Die DR hatte aber die Rechnung ohne die Staatliche Plankommission gemacht, die in Rumänien Güterwagen orderte (wofür K., der Stellvertreter des Verkehrsministers unterwegs war) und – ohne Zusammenhang mit dem Kauf sowie unabgestimmt mit der DR – die Lieferung der Motoren aus der DDR strich. Bukarest baute nun Lizenzmotoren eines BRD-Werkes ein, wobei die Lokomotive auf 2 600 PS Leistung kam. Statt der vorgesehenen 270 Stück wurden nur 200 importiert.

Am 24. Januar 1977 wurde im Bahnbetriebswerk Neustrelitz mit der 132 457 die 1 000. Diesellokomotive übernommen, die in der UdSSR für die DR gebaut worden war. Gewürdigt wurde in einem Fahrt-frei-Bericht, daß „die DR (derzeit) 70 Prozent der Zugförderarbeit im Diesellokbereich mit Triebfahrzeugen aus Freundesland" bestreitet.[13] Immerhin verstand es der Berichterstatter, trotz der Euphorie auf gewisse Mängel hinzuweisen. Aber die sowjetischen Spezialisten hatten diese nicht nur beseitigt, sondern eine Anlage entwickelt, „die sich auf der Höhe des Weltniveaus befindet".

Die zahlreichen Liebhaber der Dampflokomotive beobachteten den „technischen Fortschritt" naturgemäß mit Mißbehagen und wallfahrten in die letzten Domänen der Dampfrösser. Saalfeld (Saale), Aue (Sachs), Pasewalk, Neubrandenburg, Halberstadt, Güsten, Staßfurt – das waren keine Geheimtips mehr. Am 24. September 1977 zog das letzte Mal eine Lokomotive der Baureihe 01, die 01 2207, den D 271 „Meridian" von Berlin Ostbahnhof nach Dresden Hbf, eine Rennstrecke der Schnellzuglokomotiven. Am 30. September 1979 war die letzte Fahrt einer 01^5 von Szczecin (Stettin) nach Berlin und damit das Ende der Dampftraktion im Bw Berlin Ostbahnhof. So wurde immer wieder und mehr oder weniger öffentlich der „Abschied vom Dampf" genommen. Die Reichsbahnausbesserungswerke mußten sich ebenfalls auf neue Aufgaben umstellen. Im Raw „Einheit" Leipzig hatte bereits am 17. November 1967 die letzte Dampflokomotive das Werk verlassen (die Produktion von Glmms-Wagen begann = gedeckte Güterwagen, nutzbar als Mannschaftswagen für Nationale Volksarmee und Sowjetarmee), am 19. Dezember 1968 beendete im Raw „Ernst Thälmann" Halle die 78 503 die Dampflokinstandsetzung; danach wurden Kleinlokomotiven instand gesetzt. Erhalten blieb die Dampflokinstandsetzung in den Raws „Deutsch-Sowjetische Freundschaft" Görlitz und „Helmut Scholz" Meiningen.

Bis 1980 dominierte die Dieseltraktion bei der DR. Ihr Anteil an den Zugförderungsleistungen wuchs von 2,52 Prozent im Jahre 1965 auf 71,8 Prozent 1980. In jenem Jahr bedeutete der Verbrauch von 800 000 t Dieselkraftstoff bei der DR ein Viertel des gesamten Verbrauchs in der DDR![14]. Die Funktionäre wurden nicht müde, die Dieseltraktion als Fortschritt zu bezeichnen, propagierten aber auch den Wettbewerb zur Einsparung von Dieselkraftstoff. 1978 hob die Sowjetunion den Preis ihres Erdöls drastisch auf Weltmarktniveau an, und – um auf Westmärkten Devisen zu erwirtschaften – das Petrolchemische Kombinat Schwedt spaltete das Schweröl weiter auf. Damit wurde den ölgefeuerten Lokomotiven der Brennstoff entzogen. Bis 1982 waren sämtliche „Öler" abgestellt, die 99 0231 bis 0247 auf der Harzbahn sowie die Öl-44er wieder auf Rostfeuerung umgebaut worden. Nur die 02 0201 (18 201) und drei Heizlokomotiven der Baureihe 50 behielten die Ölfeuerung.

---

13 Fahrt frei, Berlin, 3/1970, Seite 3
14 Alle Zahlen aus „Die Bundesbahn" 10/1991, Seiten 1031 ff.

Tabelle 6
Bestand und Alter der Diesellokomotiven und -triebwagen 1990[1]

Bauart	Baureihe bis 1991	von 1992 an	Leistung in kW	Bestand	Alter Jahre
1946 Rangierlok	100	310	bis 90	321	51...57
	101/102	311/312	132/162	482	19...29
	104	344	365	1	
	105/106	345/346	478	1 103	8... 31
	108	298.0-3	750	3	
	111	293	736	36	8... 9
2416 Streckenlok	110	201	736	275	12...26
	1112	202	823	494	13... 21
	114	204	1 100	56	
	118.1	228.1	1 470	114	23...25
	118.5	228.2			
	118.2-4	228.2-4	1 470	197	20...26
	118.6-8	228.6-8	1 800		
	119	219	1 980/2 200	187	5... 14
	120	220	1 470	299	16...24
	130	230	2 200	64	18...20
	131	231	2 200	69	17... 18
	132	232	2 200	661	8... 17
13 Schmalspurlok	199[2]	399	75	13	26...35
163 Trieb-	171/172	771/772	132	150	22...28
wagen	188/188.3[3]	708/708.3	132/330	13	25...33

[1] nach „Die Bundesbahn", Darmstadt, 10/1991, Seite 1034
[2] Altbaulokomotiven
[3] Oberleitungsrevisionstriebwagen, 188.3 – Neubau von 1989 an

Um dem Lokmangel zu begegnen, hatte die DR sich wieder für ihre Dampflokomotiven interessiert, was nicht ohne Schwierigkeiten abging, fehlte es doch jetzt an Geräten, Ausschlackern, Brandschutzstreifen, ausgebildeten Heizern und Lokomotivführern. Doch nicht einmal ungern sattelten viele der der Diesellokomotiven überdrüssigen Lokomotivführer (die Frischluft der offenen Dampflokomotive fehlte, einige ermüdeten leicht durch die nur noch sitzende Tätigkeit und das Geräusch der Motoren) auf das Dampfroß um. 1983 fuhren plötzlich wieder Kohlenstaublokomotiven, umgebaute 44er, zwar nicht bei der DR, aber für das Braunkohlenkombinat Geiseltal.

Doch die Freude namentlich der Eisenbahnfreunde und -fotografen währte nicht lange: Der letzte planmäßige Dampflokeinsatz auf Normalspur war im September 1988 mit der Lokomotive 50 3662 vom Bahnbetriebswerk Halberstadt.

Jetzt wieder elektrisch

Wegen der erwähnten Ölverknappung und -verteuerung kurbelte die DDR nun eingedenk ihrer Braunkohlenvorräte die Streckenelektrifizierung wieder an. Von 1981/82 an wurden jährlich etwa 300 km Strecke mit Fahrleitung überspannt, in den fünf Jahren zuvor waren es allenfalls 35 km pro Jahr gewesen. Der Fünfjahrplan für die Jahre 1986 bis 1990 sah einen Zuwachs des elektrischen DR-Netzes von 1 500 km vor. Kontinuierlich hatte die DR die Jahresleistung gesteigert (siehe auch 1. Abschnitt), und zwar 1983: 151 km, 1984: 253 km, 1985: 295 km, 1986: 298 km, 1987: 329 km. Jetzt waren auch zusätzliche elektrische Lokomotiven notwendig. Als neue Generation, jetzt mit Leistungselektronik und großer Leistung, die neue Dimensionen bei der Traktion erschloß, außerdem erstmals unter Mitwirkung von Industriedesignern geschaffen, beschaffte die DR bis 1983 23 Lokomotiven der Baureihe 250 (jetzt 155).

1981 hatte in Hennigsdorf die Erprobung einer vierachsigen Schnellzuglokomotive für 140 km/h Höchstgeschwindigkeit begonnen, die in auffallendem Anstrich als 212 001 geliefert worden war. Da zum Zeitpunkt der Erprobung niemand sah, wo bei der DR 140 km/h gefahren werden durften, entschied die DR, lediglich die 120-km/h-Variante dieser Lokomotive zu beschaf-

Die V 180 059, 131 und 203 erhielten eine blendfreie Stirnscheibengestaltung bzw. Stirnpartien aus glasfaserverstärktem Plast: 118 203 vor dem Eilzug Zittau–Dresden in Wilthen (23. August 1978).
Foto: Erich Preuß

1966 übernahm die DR die erste sechsachsige Lokomotive der Baureihe V 180, deren Ordnungsnummern mit den Ziffern 2 und 3 begannen. V 180 201 im Bahnbetriebswerk Halle P (1964). Foto: ZBDR

Um für die „Taigatrommel“ V 200 wirksamen Lärmschutz zu testen, ist sie auf Versuchsfahrt zwischen Halle und Eilenburg unterwegs.

Import aus der Tschechoslowakei, um die Dampflokbaureihe 80 ablösen zu können: die V 75. 107 015 + 107 005 in Leipzig-Thekla (1. Juni 1981).

119 010 vor dem Eilzug Nordhausen–Halle (Saale) in Nordhausen (16. November 1979)

Der „rote Riese“ mit passenden Wagen der Sowjetischen Eisenbahnen: 232 564, ex 132 564, vor dem Militärzug Magdeburg–Brest in Magdeburg Hbf (15. Februar 1992)
Fotos: Erich Preuß

Mit einigem Brimborium wurde seit 1981 das Zentrale Jugendobjekt Streckenelektrifizierung gefeiert. Zeichnung: ADN-ZB

S. 74/75
212 001 vor D 553 Berlin-Schöneweide–Erfurt in Weimar. Diese Lokomotive – „Weiße Lady" genannt – wurde umgebaut und als 243 001 bezeichnet, obwohl sie von der DR nicht übernommen worden ist, sondern dem Hennigsdorfer Werk als Eprobungsträger für die Drehstromantriebstechnik dient und seit 1992 das neue Firmenlogo „AEG" an den Seitenwänden trägt. Kurioserweise hielt die DR im Nummernplan vom 1. Januar 1992 an sowohl die Nummer 112 001 als auch 143 001 frei (4. September 1983).
Foto: Lange

Für die Elektrifizierung der Strecke Berlin–Frankfurt (Oder) wurde die Brücke der Frankfurter Otto-Grotewohl-Straße abgetragen und durch eine um 60 cm höhere ersetzt (März 1989).
Foto: ADN-ZB/Müller

212 001-2

MITROPA
MITROPA

fen. Die Lokomotive 212 001 wurde Mitte 1983 im Raw Dessau zerlegt, ihr Getriebe geändert, und sie stand nun als 243 001 auf den Gleisen. 1989 kaufte das LEW die Baumusterlokomotive zurück. Sie wird dort als Erprobungsträger unter anderem für Komponenten der Drehstrom-Antriebstechnik verwendet. Kurioserweise blieben im DR-DB-Nummernsystem für diese eine Maschine, die nicht mehr im Bestand ist, zwei Betriebsnummern unbesetzt: 221 001/112 001 und 243 001/143 001!

Nach kurzer Testzeit begann die Serienfertigung einer sehr erfolgreichen Lokomotive,der Baureihe 243, mit 659 Stück die größte Beschaffung einer Ellok-Baureihe, die es je bei einer deutschen Bahn gab! Am 30. März 1988 wurde die 243 325 als 1 000. Elektrolokomotive in Hennigsdorf ausgeliefert, im November 1990 als letzte die 243 659. Infolge des Verkehrsrückgangs seit 1990 waren viele Lokomotiven entbehrlich, und die DR vermietete 143er bzw. 243er zur Schweizer Südostbahn, zur DB, wo sie nach anfänglicher Skepsis als zuverlässige Lokomotiven bei den BWs Offenburg, Dortmund 1, Hamm sowie mit der 155er , ex 250, im BW Nürnberg geschätzt sind.

Bereits 1980 sah man den Prototyp eines neuen Zuges der Berliner S-Bahn auf der Leipziger Messe ausgestellt. Als Baureihe 270, jetzt 485, wurde er von 1989 an in Hennigsdorf ausgeliefert.

Die jüngste und letzte Lokomotivbeschaffung allein von der DR ist die der Baureihe 112, ex 212, von der AEG Schienenfahrzeuge Hennigsdorf GmbH, dem ehemaligen LEW. 1990 bestellte die DR 39 derartige Lokomotiven, die bis zum zweiten Halbjahr 1991 ausgeliefert waren und viel mit der 1981 vorgestellten 212 001 gemein haben, obgleich zahlreiche Baugruppen dem Stand der Technik entsprechend weiterentwickelt wurden. Die Lieferung an die DB und die DR wurde 1992 mit 90 Stück der 112 [10] fortgesetzt. Sie ist die erste gemeinsame Lokomotiv-Beschaffung der beiden Bahnverwaltungen. Vorausgegangen war ein Probeeinsatz der Baureihe 112 vor InterCity- und InterRegio-Zügen zwischen Hannover und Oldenburg/Bremerhaven, für einige Wochen sogar mit Berliner und Wustermarker Lokomotivpersonal, wo die Lokomotiven ihre Betriebstauglichgkeit bei Geschwindigkeiten bis zu 160 km/h bewiesen. Vom Fahrplanwechsel im Mai 1992 an fährt die 112 zwischen Berlin und Dresden sowie Schwerin (Meckl) Hbf – hier auf dem Abschnitt Nauen–Wittenberge – planmäßig 160 km/h.

Zu Beginn des Jahres 1988 waren 2 866 km (= 20,3 Prozent des Netzes) elektrifiziert. Mehr als 40 Prozent der Güter wurden zu dieser Zeit elektrisch gefördert. Trotzdem befriedigte die Effektivität des Lokomotiveinsatzes nicht, denn die Strecken und großen Rangierbahnhöfe waren ständig „dicht“. Einerseits stieg die Anzahl der Überstunden von Lokomotivführern auf ein unerträgliches Maß, andererseits kam es zum „echten“ und „unechten“ Lokomotivmangel. 1986 holte sich der Verkehrsminister und Generaldirektor Arndt einige Lokomotivführer zu sich. K., dessen Erster Stellvertreter, analysierte, wieviel Lokomotivführer und Lokomotiven 1986 allein für Planleistungen fehlten:

Ein neuer Halbzug für die Berliner S-Bahn auf Probefahrt (1961). Foto: ZBDR

Kleine Feier im VEB Lokomotivbau Elektrotechnische Werke „Hans Beimler" Hennigsdorf: Rainer Enders, Stellvertreter des Generaldirektors der DR, übernimmt mit der 243 325 die 1 000. für die DR gebaute Elektrolokomotive (30. März 1988). Foto: ZBDR/Zimmer

Werner Löscher, Präsident der Rbd Berlin, und Zbigniew Pajdak, Präsident der Westdirektion der PKP in Poznań (Posen), eröffneten auf dem Bahnhof Oderbrücke den 3-kV-Gleichstrombetrieb von Rzepin (Reppen) bis zum Bahnhof Oderbrücke. Foto: ZBDR/Zimmer

20 Prozent Fehlbestand an Personal, es fehlten durch Leistungsanstieg 43 Lokomotiven, durch Umleitungen wegen Bauarbeiten 13 Lokomotiven, 40 bis 70 zusätzliche Bereitschaftslokomotiven zum Abfangen von Verspätungen und Störungen. Diese Beratung bewirkte nichts. Den ständigen Aufforderungen zur höheren Leistung stand das Unvermögen gegenüber, den Betrieb effizient zu führen. Ein Beispiel aus einer Zeit, als es an Lokomotiven und Personal mangelte: Am 27. Mai 1982 fuhr ich zwischen 7.30 Uhr und 19.55 Uhr auf einer Lokomotive der Baureihe 132 des Bahnbetriebswerks Roßlau (Elbe). In dieser Zeit hatten wir lediglich Lastfahrten über 22 km mit 892 bis 1 000 t am Zughaken. Das war kein Einzelfall, ich war wegen der hohnsprechenden Unterbeschäftigung extra deswegen hingebeten worden. Bei der elektrischen Traktion sah es nicht viel besser aus.

Die Lücken zwischen den Fahrleitungen der DR und den ČSD bzw. den PKP wurden geschlossen, indem die ČSD am 6. Dezember 1986 bis zur Grenze bei Schöna und die PKP am 28. Mai 1988 bis zum Bahnhof Oderbrücke anschlossen. Allerdings wird das Fahrleitungsnetz von PKP und ČSD mit 3 kV Gleichspannung betrieben, das der DR mit 15 kV Wechselspannung. Die PKP wollten Zweisystemlokomotiven bei Škoda in Plzeň (Pilsen) bestellen,

Bis zum Fahrplanwechsel im Mai 1992 war die Baureihe 180 hauptsächlich zwischen Berlin und Děčin (Bodenbach) anzutreffen. 180 019 vor dem Schnellzug „Metropol" Berlin–Budapest in Berlin-Lichtenberg (3. Mai 1992).
Foto: Erich Preuß

um mit ihren Zügen von 1990 an bis zum Bahnhof Frankfurt (Oder) Pbf oder gar bis Berlin fahren zu können. Dazu kam es nicht, aber ČSD und DR beschafften die Zweisystemlokomotiven, die bei der DR als Baureihe 230, bei den ČSD als Reihe 372 bezeichnet wurden. Die erste Lokomotive traf am 25. Februar 1988 in Dresden ein, und seit 31. Mai 1992 fahren sie (jetzt als Baureihe 180) auch von Berlin bis Rzepin (Reppen).

1991 hatte die Mehrheit der Diesellokomotiven die ihr zugedachte Nutzungsdauer überschritten. Unabhängig vom Elektrifizierungsfortschritt mußte wegen der erwähnten Überalterung der Dieselfahrzeuge und, weil es in den Leistungsparametern doch Lücken gab, an die kommenden Jahrzehnte gedacht werden. 1986 hatte die Hauptverwaltung Maschinenwirtschaft der DR ihre Gedanken preisgegeben[15], doch waren diese zu dem Zeitpunkt überholt, als sich die Fusion von DB und DR abzeichnete. Bis dahin wurden aus 45 Diesellokomotiven der Baureihe 106 die Baureihe 104 (jetzt 344), die einen neuen, schwächeren, aber wirtschaftlicheren Motor

15 Krauss: Die Perspektive des Diesellokparks in den Jahren 1980 – 1990 bei der DR, in: Schienenfahrzeuge, Berlin 2/1986, Seiten 59ff.

(500 PS = 365 kW) des VEB Elbewerk Roßlau erhielten. Der Neubau einer schweren Rangierlokomotive (Baureihe 109) wurde entbehrlich, indem die DR die durch die Elektrifizierung nicht mehr benötigten rund 60 Lokomotiven der Baureihen 110 und 111 zur Baureihe 108 (jetzt 348) umbaute. Als erste hatten bereits 1979 die Lokomotioven 110 156 und 110 161 einen 1 000-PS-Motor (736 kW) und ein hydrau1isches Wendegetriebe erhalten. Sie wurden auf dem Güterbahnhof Halle (Saale) erprobt.

Seit 1972 wurden aus den Lokomotiven der Baureihe 110 solche der Baureihe 112, (jetzt 202), wenn sie im Raw Stendal einen leistungsstärkeren 900-kW-Motor erhielten. Die 112 in Doppeltraktion ersetzte sogar die Baureihe 132. Mehrere 110 erhielten einen Motor von 1 100 kW (1 500 PS) Leistung und kamen damit zur Baureihe 114 (jetzt 204). Andere wieder wurden für den meterspurigen Betrieb der Harzbahn angepaßt und in die Baureihe 199 (jetzt 299) eingestellt.

Bei den ursprünglichen Baureihen 118^0 sowie 118^2 wurde die Leistung durch Umbau gesteigert und dementsprechend die Lokomotiven in die Reihe 118^{6-8} (jetzt 228) gegeben.[16]

Auch bei der Baureihe 119 mußte sich etwas tun, sie war als störanfällig verschrien, und die Ersatzteile aus Rumänien ließen auf sich warten. Anfang 1990 standen von den 200 beschafften Lokomotiven 112 schadhaft auf Abstellgleisen. Die Baureihe 119 wurde drei Umbauprogrammen unterzogen: Bereits von 1982 an erhielten sie Dieselmotoren und Strömungsgetriebe aus DDR-Produktion (als erste die 119 088). 20 Lokomotiven wurden von Krupp Mak umgebaut und mit höherer Traktions- sowie Energieleistung für die Zentrale Energieversorgungsanlage versehen und deswegen in 119^3 umnumeriert. Seit 1. Januar 1992 tragen sie die Baureihennummer 229.

Einige Lokomotiven der Baureihe 132 erhielten durch veränderte Übersetzung die vom sowjetischen Werk zugedachte Höchstgeschwindigkeit von 140 km/h zurück (neue Baureihe 234). Ein Teil von ihnen wird von 1992 an remotorisiert und soll dadurch leistungsfähiger sowie umweltverträglicher werden.

---

16 Detaillierte Aufzählung aller Erprobungen an der Baureihe V 180 bzw. 118 in: modelleisenbahner, Berlin 1986, Heft 12, Seiten 4–6

Methusalem unter den DR-Dampflokomotiven: 1175 Osten der Preußischen Staatseisenbahnen von der Gattung S 10[1], die als Kohlenstaublokomotive 17 1055 zuletzt im Bahnbetriebswerk Cottbus fuhr und 1970 im Reichsbahnausbesserungswerk Cottbus vorbildlich museal hergerichtet wurde

Foto: Erich Preuß

92 598, die für eine Sonderzugfahrt hergerichtet worden war und einen „gemischten“ Zug fahren durfte. Jänschwalde (7. Oktober 1973)

Foto: Erich Preuß

94 1810-4

38 2860 vor dem Personenzug Cottbus –Wilhelm-Pieck-Stadt Guben in Cottbus (1968)

55 4154 vom Bahnbetriebswerk Senftenberg bei Saadow-Rutzkau. Sie war die letzte betriebsfähige G 8^1 bei der DR (Juni 1974).

Im Bahnbetriebswerk Aue (Sachs) fuhr die frühere G 12 sogar Schnellzüge, wie am frühen Morgen die 58 1195 den von Aue (Sachs) nach Leipzig bis Zwickau (Sachs) (1970).

94 1810 in Suhl (15. September 1973)

Fotos: Erich Preuß

Sonneberg (Thür) – Heimat der „Bergkönigin“, der preußischen T 20, BR 95, bis zum Frühjahr 1981. Auf dem Viadukt von Lichte (Thür) (Mai 1980).

Am 23. September 1973 zog die 04 0015, ex 19 015, mit 03 0010 einen Sonderzug in Brandenburg Hbf.
Fotos: Erich Preuß

03 2155 in Leipzig Hbf

03 2105 in Stendal

01 0517 und
44 0634 in Wittenberge (16. Juni 1977)
Foto: Erich Preuß

01 0508 vor Schnellzug Dresden–Schwerin (Meckl) in Magdeburg Hbf

35 1001 in Radibor
(21. Juni 1976)
Foto: Preuß

Rübelandbahn: 251 012 und 251 001 in Rübeland (Harz) (28. Mai 1972) Foto: Reiner Preuß

Letzte Lokomotivbeschaffung der DR: die Baureihe 212, seit 1. Januar 1992 112, für 160 km/h Höchstgeschwindigkeit. 112 010 vor Schnellzug nach Dresden Hbf in Berlin-Lichtenberg (2. Juli 1992). Foto: Erich Preuß

110 003 vor dem Bahnbetriebswerk Halle P. Aus unerfindlichen Gründen erhielten die drei ersten Lokomotiven der Baureihe V 100 den bei der DR für Streckendiesellokomotiven unüblichen Anstrich. Foto: Reiner Preuß

3 DRAMA ODER POSSE?

Ein Blick in die sozialistische Planwirtschaft

Am 15. Dezember 1957 begann die DR zur Überraschung vieler Eisenbahner und der Öffentlichkeit, sich von einer traditionellen deutschen Einrichtung zu verabschieden: von der Bahnsteigsperre – und das ausgerechnet auf dem größten Personenbahnhof der DR, dem Hauptbahnhof Leipzig.

Herbert Meißner, seinerzeit Mitarbeiter der Abteilung Reiseverkehr im Ministerium für Verkehrswesen (später wurde er Leiter des Tarifamtes der DR, Leiter der Verkehrspolitischen Abteilung bei der Ständigen Vertretung der DDR in der BRD, Leiter der Abteilung Internationale Angelegenheiten II im Ministerium für Verkehrswesen), Herbert Meißner also begründete das Für und Wider dieses Schrittes übrigens mit einer Sprachkultur, die in den folgenden Jahren so rar wurde, weil man kaum noch an die Empfänger dachte und Phrasen wie „Prozesse“, „in Größenordnungen“, „untersetzt“ in den täglichen Sprachgebrauch aufgenommen hatte.[17]

Als Ausgleich für die fehlende Kontrolle der Fahrausweise vor dem Betreten des Bahnsteigs sprach sich Meißner für die ordnungsgemäße Fahrkartenkontrolle im Zuge aus, verstärkt durch besondere Prüfbrigaden, die größtenteils von den überflüssigen Bahnsteigschaffnern gebildet werden konnten.

Schritt für Schritt verzichtete die DR bei weiteren Bahnhöfen auf die Bahnsteigsperren, und auf vielen kleinen Bahnhöfen wurden sie auch ohne Genehmigung nicht mehr besetzt. Meist hatte der Bahnhofsarbeiter diese Aufgaben neben dem Gepäckladedienst zu erledigen, was er aber als lästig empfand und – vom Dienstvorsteher geduldet – ganz unterließ.

---

17 Herbert Meißner: Bahnsteigsperren – ja oder nein? in: Der operative Dienst, Berlin, 3/1958

01 0519 mit „Kundendienst“ für Fotografen bei Bad Salzungen (16. September 1973) Foto: Erich Preuß

Zwei Bahnhöfe bildeten meines Wissens die Ausnahme, indem sie bis Ende der siebziger Jahre ihre Bahnsteigsperren besetzten: Bischofswerda und Lübbenau (Spreew).

Besonders im S-Bahn- und Vorortverkehr, wo Kontrollen im Zuge nur stichprobenweise vorgesehen sind, war es wichtig, daß vor Fahrtantritt die Fahrkarte entwertet wurde, um deren mehrmalige Benutzung zu unterbinden. Das Lochen der Fahrkarte, einst ein weihevoller Akt, war jetzt Sache der Reisenden geworden.

Eine renommierte Firma, die die DR seit jeher mit Lochzangen belieferte, Zangen-Hoffmann Suhl, stellte dafür ortsfeste Geräte her, in die man den Fahrausweis schob und mit mehr oder weniger Kraft einen Hebel bediente, also die Fahrkarte „bumste", wie der Volksmund sagte. Neben dem Loch erhielt der Fahrausweis eine Prägung, aus der Tag, Uhr- oder Tageszeit und der Bahnhof hervorgingen.

Im Oktober 1977 kam ich auf die Idee, diesen Suhler Betrieb den Lesern der Eisenbahnerzeitung „Fahrt frei" vorzustellen. Dort begrüßte mich der Sohn des früheren Eigentümers mit jener ironischen bis zynischen Fröhlichkeit, die sich in der DDR bis zum Ende der Republik verbreitete. Offenbar konnten viele nur noch so mit den Umständen zurechtkommen. „Zangen-Hoffmann" war VEB (Volksmund: „Vom Eigentum befreit") geworden und unterstand jetzt einem Kombinat. Dieses dachte gar nicht daran, die „popligen" reichsbahnspezifischen Produkte im Sortiment zu behalten, „Hoffmann" sollte für das Kombinat Werkzeuge herstellen. Das veranlaßte mich, die

Bahnsteigsperre auf dem Bahnhof Warschauer Straße. (27. April 1956). Seitdem die Bahnsteigsperren auch bei der Berliner S-Bahn abgeschafft wurden, fehlte es an geeigneten Geräten zum Entwerten der Fahrausweise. Foto: ZBDR

Hauptverwaltung des Betriebs- und Verkehrsdienstes der DR davon zu informieren, daß wieder ein Lieferant verlorengehe. Ein Protestbrief der Hauptverwaltung an den Wirtschaftsrat beim Rat des Bezirkes Suhl bewirkte wenig – was waren schon Lochzangen im zentralen Planungsgefüge der DDR-Wirtschaft?

Wie üblich dachte und schrieb man nach Art der sozialistischen Wirtschaftsbosse: Wenn die DR Zangen brauche, solle sie die selbst herstellen. Ganz so knapp und direkt fiel der Wortlaut zwar nicht aus, verstand man es doch, viel zu schreiben und nichts zu sagen.

Nicht allein wegen dieser Lochzangen, überhaupt wandelte sich die DR immer mehr vom Transportunternehmen zu ihrem eigenen Lieferanten. Das begann bei einfachsten Vorrichtungen und reichte über feinmechanische Erzeugnisse bis hin zu Reisezug- und Güterwagen. Die DDR-Wirtschaftspolitik war auf derartige Autarkie der Betriebe angelegt. Und sie ging noch weiter, indem sie von den großen Kombinaten, zu denen auch die DR zählte, die Produktion von Konsumgütern verlangte. So kamen die Hollywoodschaukeln aus dem Reichsbahnausbesserungswerk „Helmut Scholz" Meiningen, Holzeisenbahnen aus dem Raw „Ernst Thälmann" Halle, Gartenmöbel aus dem Raw „8. Mai" Eberswalde und schmiedeeiserne Gartentore aus einem Gleisbaubetrieb. Zeitweilig mußten diese Artikel für den Werkdirektor wichtiger sein als die eigentliche Zweckbestimmung seines Werkes. Die mittelalterliche Manufakturwerkelei feierte Urständ.

Zurück zu den Entwertern: Viele Eisenbahner sahen die bisherigen Stanzentwerter oder die Zangenentwerter mit Hebelbedienung, wie sie bei den S-Bahnen von Berlin, Halle und Leipzig benutzt wurden, als antiquiert an, abgesehen davon, daß die Produktion dieser Geräte 1980 eingestellt worden war. In Dresden wiederum hatte man den sogenannten SV-Bahn-Betrieb (Stadt- und Vorortbahn) eingeführt, ohne auf den Haltepunkten über Entwerter zu verfügen. Da half der geniale Einfall, die Reisenden die Fahrausweise selbst und handschriftlich entwerten zu lassen! Am 3. September 1985 schrieb das Tarifamt der DR an Herrn Johannes B. in Berlin: „Die Tarifregelungen für den S-Bahn-Verkehr Dresden, über die auf den betreffenden Bahnhöfen ausreichend informiert wird, sehen vor, daß die Fahrkarten vor Fahrtantritt zu entwerten sind. Dies kann bei Nichtvorhandensein entsprechender Entwerter auch durch handschriftliches Vermerken des Geltungstages und Zusteigebahnhofs auf der Fahrkarte erfolgen."

Fast keine Tageszeitung ließ sich die Gelegenheit entgehen, über die Fahrkartenentwerter zu spotten, noch dazu mit Hinweisen: Nichts sei einfacher, als die bewährten Entwerter der Verkehrsbetriebe zu übernehmen. Das war eben nicht so. Ein Entwerter beispielsweise auf dem Bahnhof Alexanderplatz mußte in einer Stunde mindestens 500 Schaltspiele aushalten, und das über Monate hinweg; der Entwerter von der Straßenbahn hätte in einer Stunde schlapp gemacht.

Etwas Taugliches zu schaffen, mußte Aufgabe eines darauf spezialisierten Betriebes wie „Zangen-Hoffmann" sein. Stattdessen kreuzten sich die Briefe nicht allein irgendwelcher Mitarbeiter, sogar Generaldirektoren und Minister wurden bemüht, und in manchen Sitzungen saßen zu diesem Thema 30 Mann am Tisch, darunter einige Promovierte. Der Leser wird jetzt um Geduld gebeten, aber die Posse Entwerter war symptomatisch für die Vergeudung von Zeit und Geist in der DDR, die vorgab, zu den zehn führenden Industriestaaten der Welt zu gehören.

1. Juli 1975:

Rbd Magdeburg stellt fest, daß ihre Entwerter in der S-Bahn das Datum nicht genügend prägen. Firma für neuen Entwerter ist in Bad Lausick gefunden.

6. August 1975:

Stellvertreter des Ministers K. an Minister Arndt: Die verschiedenen Entwerter werden beurteilt, übrig blieb der elektromagnetische Paginierstempelentwerter aus Bad Lausick, Großversuch mit 100 Stück in Magdeburg und 70 Stück in Rostock wird gestartet. Entwerter eignet sich nicht. Bessere Numerierwerke müßten eingesetzt werden. Wer liefert sie?

Hauptverwaltung des Betriebs- und Verkehrsdienstes der DR hat VEB Zifferndruckwerke Aschersleben entdeckt.

2. November 1977:

VEB Zifferndruckwerke Aschersleben an die Hauptverwaltung:

Für die Fertigung des Numerierwerks, Modell 1439, in diesem Jahr und 1978 keine Kapazität. DR soll beim Rat des Bezirkes Halle beantragen, zusätzliche Kapazitäten zu erschließen (soll heißen: Arbeitskräfte stellen).

5. Dezember 1977:

Rat des Bezirkes Halle antwortet: 1978 keine Fertigung. „Auch für das Jahr 1979 ist die vorhandene Kapazität voll durch LVO-Aufträge[18] kapazitiv gebunden. (...) Ich bitte Sie, zur Einordnung in den Plan 1980 kurzfristig Ihre Bestellung dem VEB Zifferndruckwerke Aschersleben zu übergeben." (Was nicht bedeutete, daß auch produziert wird. – E. P.)

7. November 1977:

Hauptverwaltung des Betriebs- und Verkehrsdienstes der DR an VEB Buchungsmaschinenwerk Karl-Marx-Stadt: „DR hat als Staatsplanthema ZF 10.01804 ‚Mechanismen für den Reiseverkehr' robusten mechanischen Fahrkartenentwerter entwickelt und als Funktionsmuster gebaut. Als Kernstück enthält er Farbbandtransportmechanismus, wie er von Ihnen für den Buchungsautomaten ASCOTA, Klasse 071, entwickelt wurde. Bitte Möglichkeiten prüfen, ob DR kurzfristig mit ihnen beliefert werden kann."

28. Februar 1978:

Beratung beim Wirtschaftsrat des Bezirkes Halle, unter anderem mit zwei Her-

---

18 Gängige Abkürzung für alles, was der „Lieferverordung" (für die Landesverteidigung) unterlag. Sie hatte höchste Priorität. War auch beliebt, um sich wichtig zu machen und lästige Besteller abzuwehren.

Kleinmechanisierung bei einer Bahnmeisterei im Rbd-Bezirk Magdeburg: die Schraubenaus- und Eindrehmaschine, kurz „Schraubesel“ genannt. Foto: Rbd Magdeburg

ren vom VEB Zifferndruckwerke Aschersleben: „Bei Zuführung von 2 Arbeitskräften wäre es möglich, diese Produktion doch noch zu übernehmen. (...) Durch die Genossin Richter (vom Wirtschaftsrat – E. P.) wurde darauf hingewiesen, daß die Bereitstellung dieser 2 Arbeitskräfte nicht zu Lasten anderer Betriebe des WdB[19] erfolgen darf“, steht im Protokoll.
Mit anderen Worten: Wenn wir produzieren sollen, müßt ihr die Arbeitskräfte stellen.
16. März 1978:
DR an den Vorsitzenden des Rates des Kreises Aschersleben: Ist es möglich, zwei Arbeitskräfte zu stellen?

19 Wirtschaftsrat des Bezirkes

1983 wurde auf einigen Bahnhöfen das vom Zentralen Forschungsinstitut des Verkehrswesens entwickelte Datendialoggerät erprobt. Ihm sollten die Wagendaten eingegeben und mit Hilfe des Funks einem Computer übertragen werden. Wer aber sollte eine Schicht lang das monströse Geräte tragen? Gerd Hoffmann vom Güterbahnhof Erfurt. Foto: ZBDR/Hein

31. März 1978:
Antwort: „Wir sind nicht in der Lage, auf Grund der bestehenden Arbeitskräftesituation im Kreis Aschersleben zusätzlich 2 Arbeitskräfte, nicht nur für das Jahr 1978, sondern auch für die nächsten Jahre, zu bilanzieren. Es gilt auch hier der Grundsatz, daß nur über den Weg der Intensivierung die Produktion gesteigert werden kann. Wenden Sie sich an das ‚Bilanzorgan', das Kombinat für polygraphische Maschinen und Ausrüstungen Leipzig, Zeinaundorfer Str."
2. Mai 1978:
DR wendet sich dorthin.
10. Mai 1978:
Beratung mit dem VEB Zählgerätewerk Gera wegen Übernahme der Produktion von Fahrkartenentwertern. Betrieb hatte Kleinserie von etwa 50 Stück zur Prüfung und Erprobung hergestellt. „Durch kurzfristige Entscheidung des Wirtschaftsrates Gera vom 4. 4. 1979 wurde dem VEB ZWG die Aufnahme

der Fertigung von Fahrkartenentwertern zugunsten eines anderen, exportintensiven Erzeugnisses untersagt."

11. Mai 1978:

VEB Robotron Buchungsmaschinenwerk Karl-Marx-Stadt an DR: „ausgehend der sich insbesondere nach der Leipziger Frühjahrsmesse ergebenen Exportverpflichtungen sehe ich keine Möglichkeit mehr, auf Grund überbilanzierter Vorfertigungskapazitäten, Ihnen Hilfe leisten zu können."

12. Juni 1979:

Zentrales Forschungsinstitut des Verkehrswesens an DR wegen Zylindereinbauschlösser für Fahrkartenentwerter, die vom VEB Kombinat Schlösser und Beschläge Döbeln geliefert werden sollen: „Für alle Varianten dieses Schloßtyps kann der Bedarf gegenwärtig nicht voll abgedeckt werden. Vorrang haben die Exportverpflichtungen (NSW). Zum gegenwärtigen Zeitpunkt ist daher die Orientierung auf dieses Schloß für den Entwerter bezüglich der Liefermöglichkeit wenig erfolgversprechend. Durch Erhöhung der Produktion und ggf. Änderung der Auftragssituation beim VEB Kombinat Schlösser und Beschläge Döbeln ist jedoch bei rechtzeitigem Bilanzantrag eine Bezugsmöglichkeit für die späteren Jahre nicht ausgeschlossen."

10. August 1979:

Vizepräsident S-Bahn der Rbd Berlin an Hauptverwaltung des Betriebs- und Verkehrsdienstes der DR: Lochzangen (auch an Entwertern – E. P.) abgängig, kaum noch Reparaturen möglich, keine Graviertechnik für neue Zangen, Produktion elektrischer Entwerter stagniert wegen fehlender elektronischer Bauteile, geringe Kapazität der Firma, Neubaubahnhöfe ohne Entwerter!

24. April 1980:

Vizepräsident für Transportorganisation und Fahrzeuge der Rbd Magdeburg an Stellvertreter des Generaldirektors der DR L.: Fahrkartenentwerter soll im „Polytechnischen Zentrum" (d. h. von Schülern – E. P.) des Bahnbetriebswerks Haldensleben nachgebaut werden. Es fehlt am Farbbandtransportmechanismus. Robotron Karl-Marx-Stadt liefert nicht: „Es wurde lediglich protokolliert, die Liefermöglichkeiten zu prüfen."

14. Mai 1980:

DR an Ministerium für Bezirksgeleitete Industrie und Lebensmittelindustrie: Zählgerätewerk Gera verlangt Übergabe der Wirtschaftsverträge für alle Zulieferteile, Erarbeitung der kompletten Technologie für die zur Serienproduktion benötigten Vorrichtungen, Werkzeuge und Prüfmittel, Bereitstellung aller Prüfmittel; DR ist damit überfordert.

Nicht in der Lage, keine Möglichkeit

3. Juni 1980:

Hauptverwaltung des Betriebs- und Verkehrsdienstes der DR an Leiter der Abteilung Rationalisierung des Verkehrswesens: Können im Bereich des Ver-

kehrswesens die Vorrichtungen, Werkzeuge und Prüfmittel hergestellt und dem VEB Zählgerätewerk Gera zur Verfügung gestellt werden?
30. Juni 1980:
Beratung zur Aufnahme der Serienproduktion im VEB Zählgerätewerk Gera: „Das ZWG sieht zum gegenwärtigen Zeitpunkt keine Möglichkeit zur Produktion des elektromechanischen Entwerters, da die Kapazität des Betriebes einschließlich der geplanten Steigerungsraten für die Folgejahre mit dem im Betrieb vorherrschenden Produktionssortiment voll ausgelastet ist."
23. Oktober 1981:
Stellvertreter des Ministers K. an Minister Arndt zur Serienproduktion von Entwertern in Bad Lausick: „Der Betrieb besitzt keinerlei Voraussetzungen für den Werkzeugbau, da in ihm weder Technologen, Konstrukteure noch Werkzeugmacher beschäftigt sind. Diese Gegebenheiten erhärten weiterhin die Forderung des Kraftverkehrs, daß die körperliche Bereitstellung der zur Produktion erforderlichen Vorrichtungen, Werkzeuge und Prüfmittel sowie die Bilanzierung aller Bauteile von der DR übernommen werden müßte.
Das Profil des Betriebes wird in Zukunft verstärkt auf den Bau von Rationalisierungsmitteln für die Einsparung von Kraftstoff ausgerichtet."
29. April 1982:
Beratung „über die Frage des Einsatzes eines vereinheitlichten Fahrkartenentwerters im Nahverkehr der Hauptstadt der DDR, Berlin": Der VEB Schienen-, Schleif- und Schweißtechnik Bad Lausick hat die Produktion eines neuen mechanischen Stanzentwerters für den Kraftverkehr und den städtischen Nahverkehr aufgenommen. Der Betrieb ist nicht in der Lage, den Bedarf der Berliner S-Bahn abzudecken. Der Entwerter kann auch nicht zum Entwerten der Kartonfahrkarten angewendet werden, da die vom Reisenden aufzuwendende Kraft nicht ausreicht, um die dicken Fahrkarten zu lochen.
7. Juli 1982:
Stellvertreter des Generaldirektors der DR Sch. an Stellvertreter des Ministers W.: „Von den 30 im Materialeinsatz minimierten elektromechanischen Fahrkartenentwertern aus Bad Lausick, die in Rostock Hbf erprobt wurden, mußten 35 Prozent wegen Funktionsstörungen innerhalb einer Woche ausgewechselt werden. Der Entwerter ist nicht bahnfest.

Das Zentrale Forschungsinstitut des Verkehrswesens hat mit Hilfe eines erfahrenen Konstrukteurs 30 Geräte in Dresden Hbf mit Erfolg erprobt. Der bei der Berliner S-Bahn eingesetzte elektromechanische, stanzende Entwerter (Hersteller Firma Winkler & Haberland) hat einen zehnjährigen erfolgreichen Betriebseinsatz bei maximaler Belastung nachgewiesen. Eine Minimierung des Materialeinsatzes (wie von W. verlangt – E. P.) würde bedeuten, den Fahrkartenentwerter neu- oder umzukonstruieren und ggf. die Zuverlässigkeit in Frage zu stellen."
5. August 1982:
VEB Massindustrie Werdau an PGH des Mechanikerhandwerkes „Registrier-

Frauen im Dienst auf ehrwürdigen Stellwerken, wie in Kämmereiforst. Mancher verging das Lachen beim Umlegen der schweren Hebel, und mitunter wurde die Arbeitsschutzanordnung 5 zur Verschlußsache gemacht. Auf sie zu pochen, hätte das Ende vieler Frauenarbeitsplätze bedeutet (1988).
Foto: Heinz

technik" Karl-Marx-Stadt: „Anläßlich einer gestern von mir mit dem Kombinat durchgeführten Beratung zu Problemen des Planes 1983 und der weiteren Profilierung des VEB Massindustrie Werdau wurde endgültig entschieden, daß einer Aufnahme der Produktion von elektromechanischen Fahrkartenentwertern in unserem Betrieb nicht zugestimmt werden kann."
22. Dezember 1982:
VEB Funkwerk Köpenick an Ministerium für Verkehrswesen: „Die uns übergebenen Unterlagen über einen elektromechanischen Fahrkartenentwerter haben wir geprüft. Der VEB FWB ist aufgrund seiner technologischen Struktur und der Staatlichen Auflagen LVO[18] und Export nicht in der Lage, den Fahrkartenentwerter zu fertigen."
14. September 1983:
Reichsbahnausbesserungswerk Wittenberge an Direktion der Ausbesserungswerke: Bericht über die materielle Sicherung, wenn das Raw den Fahrkartenentwerter herstellt. Bei allen acht Zulieferbetrieben ist die Lieferbereitschaft mangelhaft oder überhaupt nicht vorhanden.
29. November 1983:
VEB Zifferndruckwerke Halle an Ministerium für Verkehrswesen: Beim besten

Willen ist 1984 eine bedarfsgerechte Deckung nicht möglich. Das Produktionsvolumen bei Spezialnumerierwerken ist für Export UdSSR, LVO- und Zentrag-Aufträge[20] voll ausbilanziert."
12. Dezember 1983:
Zwischenbericht der Hauptverwaltung des Betriebs- und Verkehrsdienstes: „Das Institut für Eisenbahnwesen hat einen mikrorechnergesteuerten Fahrkartenentwerter entwickelt. Der notwendige mikroelektronische Baustein (CMOS-Controller) kann von der Industrie frühestens 1987 zur Verfügung gestellt werden. Damit könnte mit der Produktion frühestens im Jahre 1987 begonnen werden."
ohne Datum:
Stellungnahme der Hauptverwaltung des Betriebs- und Verkehrsdienstes der DR: „1984 wurde vom Zentralen Forschungsinstitut die Entwicklung eines mikrorechnergestützten Fahrkartenentwerters angeregt. Auf dieser Grundlage wurde das Forschungs- und Entwicklungsthema eröffnet, das noch 1986 abgebrochen werden mußte, weil die Elektroindustrie der DDR nicht in der Lage war, den Hauptbauteil ‚Gleichstrommagnet GM 2,5' für andere Bedarfsträger als LVO bereitzustellen. Bis zu diesem Zeitpunkt wurden insgesamt rd. 2 Millionen Mark an Forschungskapazität eingesetzt.

Das PKP-Fernmeldewerk Bydgoczsz (Bromberg) ist in der Lage, einen den Bedürfnissen der DR annähernd entsprechenden elektromechanischen Fahrkartenentwerter mit manueller Datumseinstellung zu produzieren. Vom Ministerium für Allgemeinen Maschinen-, Landmaschinen- und Fahrzeugbau ist die valutaseitige Finanzierung DDR – Polen zu klären.

Da die Beschaffung von Fahrkartenentwertern aus der VRP[21] an der Frage der Einordnung von Valutamitteln in den Importplan VRP scheitert, muß diese Technik (...) aus dem NSW importiert werden."
18. März 1987:
Stellvertreter des Ministers G. an Staatssekretär Sch.: Unter Bezugnahme auf die Auswertung des Leipziger Seminars[22] in der Dienstbesprechung des Ministers am 16. 3. 1987, in der als Schwerpunkt die der Lösung der Aufgaben dienende Eigenproduktion von Rationalisierungsmitteln in den Kombinaten herausgearbeitet wurde, halte ich solche Aktivitäten, wie sie im Entscheidungsvorschlag der Hauptverwaltung des Betriebs- und Verkehrsdienstes gefordert werden, für nicht angebracht. (...) Genosse Dr. Sch. (Stellvertreter des Ministers – E. P.) sollte beauftragt werden, nochmals prinzipiell die Frage nach der Notwendigkeit eines NSW-Imports zu stellen und alle Möglichkeiten zu prüfen, die Produktion im eigenen Bereich zu organisieren."

---

20 Parteieigene Betriebe der SED
21 Volksrepublik Polen
22 Regelmäßige Zusammenkunft Günter Mittags mit den Ministern und Generaldirektoren am Rande der Leipziger Messe, um die Produktionsziele zu steigern.

Die – weitgehend automatischen – Ablaufspeicherstellwerke, wie hier in Dresden-Friedrichstadt, sparten eine beträchtliche Zahl von Stellwerken und Eisenbahnern ein. Foto: John

9. Februar 1987:
Ministerium für Allgemeinen Maschinen-, Landmaschinen- und Fahrzeugbau, Stellvertreter des Ministers, an Staatsekretär im Ministerium für Verkehrswesen: „Da elektromechanische Fahrkartenentwerter nicht in den Bilanzverantwortungsbereich des MALF fallen, bestehen auch keine Voraussetzungen zum Import der geforderten Ausrüstungen. Eine Einordnung der Valutamittel in den Importplan VRP ist nicht gegeben, da die planmäßig zur Verfügung stehenden Fonds ohnehin nicht ausreichen, um den vollen Bedarf bei Ausrüstungen und Ersatzteilen im Rahmen der Bilanzverantwortung decken zu können."
ohne Datum:
Minister für Verkehrswesen an das Mitglied des Politbüros, Genossen Dr. Günter Mittag: „Nachdem ich zehn Jahre lang intensive Anstrengungen unternommen habe, die Beschaffung von Fahrkartenentwertern im eigenen Bereich, durch die Industriebetriebe der DDR und durch Importe aus der VR Polen abzusichern und dabei keine Unterstützung von der Industrie erhielt, sehe ich die Lösung dieses offenen Problems durch Realisierung von Importen aus dem NSW. Geeignete Fahrkartenentwerter können von Firmen mit

Auf vielen, auch großen, Bahnhöfen blieb es beim Hemmschuhlegen, wie in Cottbus 1971.
Foto: Wawro

langjähriger Erfahrung auf diesem Gebiet aus Berlin (West) oder aus der BRD bezogen werden."

Wie die Antwort ausfiel, ist nicht überliefert, aber die Grenzöffnung und die Währungsunion sorgten dafür, daß der Vorhang zu dieser Posse fiel.

Das – möglicherweise – mühsame Lesen des Vorgangs um eine vergleichsweise lächerliche Sache schafft ein anschauliches Bild von der ungenügenden Effizienz sozialistischer Verwaltung und Planwirtschaft, deren Mitarbeiter die Opfer einer auf Autarkie beruhenden Wirtschaftspolitik waren, weil es für Westimporte an Devisen fehlte. Der eigene Export war nicht sehr gewinnträchtig. Die Lieferanten der Länder im Rat für gegenseitige Wirtschaftshilfe wiederum erwiesen sich als unzuverlässig, ihre Erzeugnisse waren von fragwürdiger Qualität.

Ähnliche Vorgänge könnten genausogut dargestellt werden, wenn es um – ebenso dringend benötigte – Kleincontainer oder Paletten ging. Im ständig vom Arbeitskräftemangel besonders betroffenen Rbd-Bezirk Berlin gab es seit 1987 ein Programm, wie man im Betriebsdienst Arbeitsplätze auf Schrankenposten, Blockstellen und Wärterstellwerken freisetzen könne. Der für Instandhaltungsaufgaben zuständige reichsbahneigene Betrieb konnte keine Relais herstellen, und das einzige Werk in der DDR, das Werk für Signal- und Sicherungstechnik Berlin, lieferte zu wenig.

Es war nicht so, daß zur Rationalisierung in 40 Jahren nichts geschah. Standen zunächst organisatorische Maßnahmen im Vordergrund, die Personal entbehrlich machten, wie das Fahren der Züge ohne Begleitpersonal oder nur mit Zugführer, wurden Blockstellen aufgelassen, Bahnhöfe des Nachts nicht besetzt oder in Haltepunkte verwandelt, Schrankenposten aufgehoben, Lichtvorsignale an Stelle von Formsignalen aufgestellt, um auf Signalwärter verzichten zu können, so waren spätestens seit Anfang der sechziger Jahre technische Lösungen notwendig. Halbschrankenanlagen z. B. oder seit 1976 EZMG-Stellwerke sowjetischer Bauart für kleinere Bahnhöfe auf Relaisbasis setzten Arbeitskräfte frei, aber die Rationalisierung kam meistens zu spät. Die „freigesetzten" Arbeitskräfte waren gar nicht nicht mehr vorhanden, man hatte sie durch Überstundenschichten ersetzt.

Der Zahlenrausch

Man berauschte sich mit Zahlen. 1978 wurde es modern, über Wissenschaftliche Arbeitsorganisation (WAO) zu sprechen, und auf der 1. WAO-Konferenz der DR hieß es, 1976 und 1977 habe es 7 700 WAO-Maßnahmen an 29 000 Arbeitsplätzen gegeben, mit denen die Arbeitsbedingungen von 61 000 Ei-

Lediglich Seddin verfügte über die Beidrückeinrichtungen. Die Beidrückwagen liefen ständig in den Sammelgleisen hin und her und drückten die mit Hilfe der Schraubenbremsen angehaltenen, jedoch lückig stehenden Wagen kuppelreif zusammen, was den Einsatz von Rangierlokomotiven sparte.

senbahnern verbessert wurden. 1978 sollten 13 000 solcher verbesserten Arbeitsplätze hinzukommen. Wie kamen solche Zahlen zustande? Beim SF-Posten Eisenach hieß es, in einem Jahr seien durch WAO-Maßnahmen im Bereich des Betriebs- und Verkehrsdienstes 21 VbE eingespart worden. Dabei handelte es sich schlicht um vier Bahnübergänge, die Halbschranken erhielten. Wenige Jahre danach mutierten die Halbschrankenanlagen zu „Robotern"! Als sich die DR anschickte, 1985 Rangierlokomotiven der Baureihe 106 funkferngesteuert zu betreiben, konnte sie dem Bediener nur einen Steuerkasten anbieten, der an den Witz von Gorbatschows Herzschrittmachern in den zwei Koffern erinnert.

Die Dialogautomaten für den Fahrkartenkauf – zu Ehren des 30. Jahrestages der SED auf dem Bahnhof Berlin Alexanderplatz stolz von Prof. S., Hochschule für Verkehrswesen „Friedrich List", und Mittag, dem SED-Politbüromitglied, vorgeführt – waren vom Prinzip niveauvoll, aber dem Aluminiumgeld unterlegen. Sie scheiterten an den Toleranzen der DDR-Münzen. Die voreilig geschlossenen S-Bahn-Fahrkartenschalter auf Berliner Bahnhöfen mußten alsbald wieder geöffnet werden.

Die Leitung der DR steckte nicht den Kopf in den Sand. Ihr waren die Rückstände und kümmerlichen Verhältnisse durchaus bewußt, soweit ich mich der ergebnislosen Dispute während der Präsidentenberatungen beim 1. Stellvertreter des DR-Generaldirektors erinnere. Verkehrsminister Arndt sagte am 16. Januar 1988 beispielsweise vor Parteifunktionären in Berlin: „Die nun schon lange anhaltenden Widersprüche sind den Eisenbahnern, die große Bereitschaft zeigen, alles in ihren Kräften stehende zur schnellen Veränderung der Lage zu tun, nur schwer und schon gar nicht überzeugend zu erklären." Immer widersprüchlicher wurde die Lage allein durch die zunehmende Zahl der Verwandtenbesuche in der Bundesrepublik Deutschland. Wer zurückkam, sprach vorsichtig (er wollte ja wieder fahren!) über den Rückstand der DR zur DB, und in den Lageberichten der Politischen Verwaltung der DR wurden diese Stimmungsbilder zunehmend registriert. Das Dilemma war, daß selbst ein Minister nicht frei über Fonds verfügen konnte, um Notwendiges zu beschaffen, schon gar nicht aus dem Westen. Er war angewiesen auf die Staatliche Plankommission und eventuelle, vom SED-Politbüro veranlaßte Sonderzuführungen, für die er sich sehr dankbar zu zeigen hatte.

Nach außen wurde Optimismus propagiert und „nach neuen Lösungen" gesucht. Die Agitatoren hatten Konjunktur. Sie kamen auf immer die gleichen neckischen Ideen, mit denen die Werktätigen zu „noch größeren Leistungen" angespornt werden sollten. Als 1988 Sigmund Jähn, der DDR-Kosmonaut, aus dem All zurückkehrte, wurden die Zeitungen zu dem Ereignis entsprechenden Beiträgen aufgefordert (Tageszeitungen erschienen sonntags als Sonderausgaben – in der DDR ein unerhörter Vorgang). In der „Fahrt frei" lasen wir: „Das Weltraumunternehmen ‚Salut 6–Sojus 31' der UdSSR/DDR findet überall Zustimmung und ist ein neuer Höhepunkt unseres Bruderbundes

mit der Sowjetunion.“ Was folgte auf diese anerkannte wissenschaftlich-technische Leistung im „Standpunkt der Politischen Verwaltung der DR“? Verpflichtungen als Antwort auf den Weltraumflug sollten sein:
- maximale Nutzung des Wagenraumes
- Verbesserung der Be- und Entladung an den Wochenenden
- spürbare Senkung der überhöhten Bestände schadhafter Güterwagen.

Das Oberbauwerk Neudietendorf verpflichtete sich, 500 Schienenschweißungen über den Plan auszuführen. Im Ladedienst des Bahnhofs Brandenburg Hbf sollte die Pro-Kopf-Leistung von 14,5 auf 29,1 t erhöht werden. Und im Bahnhof Zwickau (Sachs) Hbf wollte man 30 Wagen über die Zielstellung hinaus be- und entladen.

Mit solchem Klein-klein gedachten die Genossen, die Widersprüche zwischen Wollen und Können zu überwinden. Mußten sich die Eisenbahner nicht verhöhnt fühlen, wenn sie in offiziellen Reden und Beiträgen von der „Intensivierung der Transport-, Bau- und Reparaturprozesse“ lasen, die „mit wachsender Effektivität und Qualität weiter zu vertiefen“ seien, dann jedoch das Handwerkszeug für die tägliche körperliche Arbeit fehlte? Statt der 100 Schottergabeln, die die Bahnmeisterei Erfurt 1988 benötigte, standen 30 zur Verfügung. Von 50 Gleishebewinden waren 30 defekt. Der Schienenkraftwagen (Skl) hatte 30 Jahre auf dem Buckel. Dabei hatte bereits A., Verwaltung Bahnanlagen der Rbd Berlin, erklärt, der Mangel an fehlender (sic!), niveauvoller Kleinmechanisierung mache sich bemerkbar. Und: „Deshalb haben wir den Entschluß gefaßt, nach dem Vorbild des sowjetischen Ingenieurs Santalov ein Kollektiv zu bilden, welches nach dem persönlich-schöpferischen Paß des Ingenieurs Verpflichtungen übernimmt mit dem Ziel, technischen Fortschritt zur Erhöhung der Arbeitsproduktivität wirksam zu gestalten.“ Man habe sogar eine Schienenbohrmaschine „mit nahezu Weltniveau“ geschaffen. „Seht ihr, es geht doch“, konnte der Funktionär dem Kritiker und „Nörgler“ sagen.

Beim Verkehrsminister waren die Antworten subtiler: „Für die breitenwirksame Nutzung wissenschaftlich-technischer Ergebnisse ist die weitere Ausgestaltung des Rationalisierungsmittelbaus eine unbedingte Notwendigkeit. Mit dem ebenfalls in diesem Jahr begonnenen Aufbau eines wissenschaftlich-technischen Produktionskomplexes für Sicherungs- und Automatisierungstechnik im Reichsbahnausbesserungswerk Meiningen erfolgt ein wichtiger Schritt in dieser Richtung.“ (16. Januar 1988)

In jenem Jahr fehlten immer noch Motorkettensägen, Visiergeräte, für die Rangierarbeiter die Handschuhe, Arbeitsschutzschuhe, Heizkupplungen für die Reisezugwagen, Seife für die Toiletten dieser Wagen, Glühlampen zwischen 60 und 200 W, Kleinsicherungen für Lokomotiven – immer war ein Heer von Eisenbahnern mit der Planstelle „Kurier“ unterwegs, um die Engpässe zu lindern. Wer die großen Worte im Munde führte, wurde zunehmend unglaubwürdig, wenn von der Überlegenheit des Sozialismus die Rede war.

4 AM PANTOFFEL

Der Dispatcherdienst

Kramer widmete in seinem Buch „Die Entwicklung des Verkehrswesens der DDR“ dem Dispatcherdienst bei der DR mehrere Druckseiten und ordnete ihn in den Abschnitt „Neue Leitungsformen“ ein.[23] Darin heißt es: „Nach umfangreicher ideologischer und technologischer Vorbereitung und der Ausbildung der im Dispatcherdienst einzusetzenden Kader wurde anläßlich des Tages des Eisenbahners 1954 damit begonnen, das Dispatchersystem bei der Deutschen Reichsbahn schrittweise einzuführen. Den Anfang machte die Dispatcherleitung im Reichsbahnamt Erfurt.“

Stets ging vom Dispatcherdienst die Aura aus, er sei aus der Sowjetunion übernommen worden. Abgesehen davon, daß „Dispatcher“ vom amerikanischen „dispatching“ stammt, war die Sache ein alter Hut, denn die vorangegangene Deutsche Reichsbahn kannte das System bereits als Zugleitung oder Betriebsüberwachung. Aber in den fünfziger Jahren war es üblich geworden, sich der „sowjetischen Erfahrungen“ zu bedienen. Im Februar 1953 gab das Politbüro der SED Empfehlungen „zur Verbesserung der operativen Arbeit bei der DR“, und an die Empfehlung hielt sich selbstverständlich der Ministerrat, der am 16. April 1953 beschloß, in der gesamten volkseigenen Wirtschaft das Dispatchersystem einzuführen. Offenbar wagte niemand darauf hinzuweisen, daß es das bei der DR seit jeher gab, wenn auch unter anderem Namen. Einfach wurde behauptet: Die Einführung des Dispatcherdienstes bei der Deutschen Reichsbahn war notwendig, weil das alte Zugleitungssystem nicht taugte, die ständig steigenden Transportaufgaben zu erfüllen.[24] Das Dispatchersystem wurde neben der Transportplanung und der wirtschaftlichen Rechnungsführung in eine Reihe der Maßnahmen gestellt, mit

---

23 Berlin 1978, Seiten 31 ff.
24 Uns gehören die Schienenwege, Berlin 1960, S. 280

denen die DR die Betriebsführung den neuen, sozialistischen Produktionsverhältnissen anzupassen hatte.

Im Sommer 1953 reiste eine Reichsbahn-Delegation ins gelobte sowjetische Land und studierte dort gründlich, wie es hieß, das Dispatchersystem. Was die Sowjetischen Eisenbahnen wirklich Neues, Brauchbares einzubringen hatten, blieb genauso ein Geheimnis wie 23 Jahre später, als die Methode Odessa-Iljitschowsk eingeführt wurde. Dr. Sch. von der Politischen Verwaltung der DR leitete eine Delegation, die vom 9. bis 16. Mai 1976 auf den Bahnhöfen Odessa und Iljitschowsk die Baranowski-Methode studieren wollte, die angeblich in der Zusammenarbeit der Eisenbahner und der Werktätigen in den Seehäfen pralle Früchte trug. Dort soll man aber die Delegation nicht zur Kenntnis genommen haben, trotzdem entstand eine Broschüre, und jahrelang war den sowjetischen Freunden mit einer scheinbar erfolgreichen Methode nachzueifern.

Das Neue im Dispatcherdienst war, daß die für die Überwachung und Disposition der Wagen und Lokomotiven zuständigen Eisenbahner „unter einem Dach" mit den Streckendispatchern saßen.[25] In der jeweiligen Schicht unterstanden sie auf der Ebene Rba dem Brigadedispatcher, der im gesamten Rba-Bezirk das Kommando über die betrieblichen („operativen") Vorgänge führte. Der Chef der Dispatcherleitung nannte sich Amtsdispatcher. In der Rbd, bei der Oberdispatcherleitung, war Schichtleiter dementsprechend der Brigadeoberdispatcher und Leiter der Direktionsdispatcher. In der Hauptdispatcherleitung der DR (die übrigens wegen möglicher „Feindeinwirkung" in eine Villa an der Spree im Berliner Stadtteil Spindlersfeld ausgelagert worden war) hatte in der Schicht der Brigadehauptdispatcher das Kommando, sonst der Chefdispatcher der DR.

Die Struktur hätte man genauso in der bewährten Zug- bzw. Oberzugleitung verändern können, aber 1954 lernte man von der Sowjetunion das Siegen, und so wurde der Dispatcherdienst als sowjetische Methode „verkauft". Jetzt ging es um „eine einheitliche Arbeitsweise in den betriebsleitenden Stellen des gesamten Netzes". Die hatte es früher nicht gegeben?

Rund 30 Jahre lang begleitete die Dispatcher das Synonym „Kommandeure". Da traf es sich, daß zwei Tage vor dem Ersten zentralen Erfahrungsaustausch der Dispatcher der DR, der am 20. Januar 1956 in Leipzig stattfand, die Volkskammer das „Gesetz über die Schaffung der Nationalen Volksarmee und des Ministeriums für Nationale Verteidigung" beschlossen hatte. Eine Zustimmungserklärung wurde von Leipzig aus verabschiedet, und L., der Stellvertreter des Leiters der Politischen Verwaltung der DR, meinte, „daß der Eisenbahn als kleiner Bruder der Nationalen Volksarmee neue große Auf-

---

25 Deren Bezeichnung wechselte mit der Zeit: Streckendispatcher – Kreisdispatcher – Zugdispatcher.

gaben erwachsen. Das blieb stets der Wunsch der Funktionäre: den Eisenbahnbetrieb wie eine Armee zu Kriegszeiten mit Befehlen, Gehorsam und Unterordnung zu leiten.

L., Leiter der Hauptverwaltung des Betriebs- und Verkehrsdienstes der DR, ungeachtet seiner weltpolitischen Ergüsse weniger Funktionär als Fachmann, sprach auf diesem Erfahrungsaustausch über die „bewußte Disziplin": „Es muß schnellstens Schluß gemacht werden mit dem familiären Ton und der falschen Kollegialität, die noch in vielen Dispatcherleitungen besteht." Amtsdispatcher B. vom Rba Berlin 5/6 beklagte dann auch das „familiäre Du" und forderte die sachliche Anrede in der „Sie-Form". Das „Neue" in der Anrede, das eine Kehrtwende zum seit 1945 gepriesenen Du als Zeichen der Klassengleichheit bedeutete, löste seinerzeit einige Heiterkeit unter Eisenbahnern aus. Während 1956 der Dispatcher als Vorbild der disziplinierten Eisenbahner beschworen wurde, war 25 Jahre später von der „bewußten Disziplin" nicht viel geblieben. Wer 1980 eine Dispatcherleitung betrat, sah Mitarbeiter mit über Zivilhosen und Pullovern gezogenen Uniformjacken, um so wenigstens teilweise der Pflicht zu genügen, die Uniform im Dienst zu tragen. Aber eines war für die fünfziger Jahre typisch: Obwohl man die Wachsamkeit vor dem Klassengegner beschwor, setzte man sich in aller Öffentlichkeit mit den Schwächen des jungen Dispatcherapparats, aber auch mit der Betriebsführung bei der DR generell auseinander. Was in der Nummer 1 der Schriftenreihe der Politischen Verwaltung der DR ans Licht der Öffentlichkeit gebracht wurde, ist später selten, heute schon gar nicht, so drastisch dargestellt worden.

Im Unterschied zur vormaligen Zugleitung wurden die Züge auf nahezu sämtlichen Strecken überwacht, auch die auf Nebenbahnen. Sogar die schmalspurige Harzquerbahn besaß eine Dispatcherleitung in Wernigerode Westerntor. Die Fahrdienstleiter hatten über die Wechselsprechanlage regelmäßig dem Streckendispatcher die Ankunfts-, Durchfahrts- oder Abfahrtszeit der Züge zu melden. Dazu standen beim Fahrdienstleiter schwarze, einem Pantoffel ähnelnde Geräte, weshalb sich bald das Wort einbürgerte: „am Pantoffel", im Jargon „am Latschen". Über diese Anlage rief der Dispatcher auch die Fahrdienstleiter oder – auf größeren Knoten – die Bahnhofsdispatcher, schaltete ganze Streckenabschnitte, den Dispatcherkreis oder sämtliche Strecken des Amtsbezirks zusammen, wenn beispielsweise der Amtsvorstand oder der Betriebsleiter den Leitern der Bahnhöfe etwas schnell mitzuteilen hatte.

Über den „Pantoffel" holte der Fahrdienstleiter auch die Genehmigung ein, wenn er einen Zug außerplanmäßig anhalten oder mit dem Anschluß auf einen verspäteten warten wollte, wie überhaupt jede Abweichung vom Fahrplan vom Dispatcher zu genehmigen war.

Das Ziel des Dispatcherdienstes bestand darin, „den Betriebsablauf pünktlich, sicher und wirtschaftlich zu lenken, ihn ständig zu kontrollieren und zu analysieren, die getroffenen Anordnungen durchzusetzen und vorausschauend zu handeln, um den Fahrplan einzuhalten, die Zug- und Transportmittel wirtschaftlich einzusetzen und die Kapazitäten der Anlagen zweckmäßig auszunutzen. Alle Aufgaben sind auf das Ziel gerichtet, die Planerfüllung richtig zu organisieren."[24]

Im Zusammenhang mit der Einführung des Dispatcherdienstes zwischen 1954 und 1955 wurde die Zahl der Rba von 38 auf 27 verringert, entstanden in den Rbd aus etwa zwölf Dezernaten vier Verwaltungen, und die Dispatcherschule Eisenach schulte rund 12 000 Eisenbahner für die speziellen Aufgaben. Hinzu kam, am 1. April 1955 auf dem Bahnhof Weimar zuerst eingeführt, der heute vielgescholtene Vierbrigadeplan, der nicht, wie behauptet wird, zur Überbesetzung von Arbeitsplätzen, sondern zum einheitlichen Dienstbeginn beitrug.

Wer wird Dispatcher?

Der Streckendispatcher verfolgte mit Hilfe der eingehenden Meldungen den Lauf der Züge, trug auf vorgedruckten Bögen, den Bildfahrplänen ähnelnden Belegblättern, die Weg-Zeit-Linien des tatsächlichen Zuglaufs ein und sollte, wenn nötig, in den Betriebsablauf eingreifen, wozu er sich schnell mit seinen Kollegen in den Nachbarzimmern abstimmen konnte, die die angrenzenden Bezirke überwachten (in einem Rba bestanden bis zu sechs Dispatcherkreise). Aber er saß nicht nur am Pantoffel. Zumindest in der ersten Zeit, als die 48-Stunden-Woche noch galt, traf er sich monatlich mit den Fahrdienstleitern seines Bereichs zur sogenannten Streckenanalyse. Da wurde gutes und schlechtes Verhalten bewertet, stand der Dispatcher zu bestimmten Dispositionen Rede und Antwort, gab es eine Vorschau auf große Bauarbeiten und ihre Auswirkungen oder auf den neuen Fahrplan mit seinen Veränderungen. Schließlich krönten ein oder auch zwei Bier eine solche „Analyse". Dem Miteinander waren solche Zusammenkünfte nicht abträglich, wenn auch ein wenig aufwendig. Einige Dispatcherleitungen gossen ihre Zusammenarbeit mit Fahrdienstleitern und Lokomotivführern bzw. den sogenannten Dienstplangemeinschaften in „Freundschaftsverträge". Als die Arbeitszeitverkürzungen derartige Zusammenkünfte nicht mehr möglich machten, wurde das von vielen bedauert. Sie kannten ihren Dispatcher jetzt nur noch aus dem Pantoffel.

Es dürfte schwerfallen, Soll und Haben des Dispatcherdienstes objektiv gegenüberzustellen. Wer will ermessen, ob die Züge nicht auch nach dem alten Zugleitungssystem genausogut oder genausoschlecht gefahren wären? Genauso schwierig wäre zu urteilen bei der Betrachtung der Wagenumlaufbeschleunigung, der Wagenauslastung und des effektiven Lokomotiveinsatzes – wenigen Schwerpunkten des Dispatcherdienstes.

Doch mit den Jahren geriet der Dispatcherapparat in eine Krise, die sich nicht allein an der steigenden Zahl von Lokleerfahrten ablesen läßt, die Kritik der örtlichen Eisenbahner wurde heftiger. Dieser gigantische Apparat sei eine einzige Registriermaschine, hieß es. Und die telefonisch oder als „Notizen zum Plan" verfaßten Streitigkeiten vor allem zwischen den Streckendispatchern und Lokomotivführern nahmen zu. Vieles an der Kritik war freilich ungerecht.

Denn der Dispatcherapparat stand vor schier unlösbaren Personalproblemen. Die besten Fahrdienstleiter – mit Erfahrungen auf großen Knotenbahnhöfen – sollten zu ihm, doch die erste Hürde, um in die Gehaltsgruppe 9 eingestuft zu werden, war der Studienabschluß als Ingenieur. Einbußen an Freizeit und am Einkommen mußte dann der hinnehmen, der aus dem Prämienlohnsystem eines Fahrdienstleiters ausschied. Der Streckendispatcher verdiente weniger als der Fahrdienstleiter eines mittleren Bahnhofs – bei ungleich höherer Belastung!

Reizte es doch jemanden, in einem Rba tätig zu sein und befehlen zu dürfen, durfte er nicht durch den Rost der Kaderüberprüfung fallen. Wie hatte Kramer die „primär politische Aufgabe" umrissen? „Sie vollzog sich unter dem Einfluß der vom Klassengegner betriebenen Hetze und der Diskriminierung der Arbeit der Dispatcher bis zur Diversion." Schließlich liefen die Dispatcher ständig Gefahr, verdächtigt zu werden, dem „Gegner" Informationen über die Leistungsfähigkeit von Eisenbahnknoten, Betriebslageberichte und solche über Militärtransporte zu liefern. Einige von ihnen wurden tatsächlich wegen Spionage verhaftet, verurteilt und nicht mehr wiedergesehen. (Die Furcht vor Spionage hielt sich nicht nur bei der DR bzw. in der DDR, auch die Kollegen der DB-Betriebsleitungen unterlagen bestimmten Verhaltensanforderungen, wenn auch auf unterschiedlichem Niveau.) Am Bewerber wurde eine Elle angelegt, wie sie dem diplomatischen Dienst zukam. Die Großmutter in Osnabrück oder eine kesse Lippe auf einer Betriebsversammlung beispielsweise waren bestimmt keine Empfehlung für die Sicherheitsorgane, dem Einsatz in einer Dispatcherleitung zuzustimmen.

So kam der kaderpolitisch Unbedenkliche in den Dispatcherapparat und nicht immer der Beste. Hinzu kam aber, daß des Dispatchers Spielraum für Entscheidungen immer geringer wurde. Wegen Arbeitskräftemangels, aber ohne technische Flankierung wurde rationalisiert, d. h. nicht besetzt und dadurch die Kapazität der Strecken und Bahnhöfe eingeschränkt. Unbesetzte Blockstellen und Bahnhöfe ließen Kreuzungsverlegungen oder Überholungen von Zügen auf langen Streckenabschnitten nicht mehr zu. Fehlende Reserven im Wagen- und Lokomotivpark machten Ersatzvarianten zum Auffangen von Verspätungen, wie Ersatzzüge, unmöglich.

So mußten es Dispatcher (und die Reisenden!) über einen Fahrplanabschnitt hinweg hinnehmen, daß die Lokomotive für den Städte-Expreß „Fichtelberg" Karl-Marx-Stadt–Berlin planmäßig von einem Güterzug kam, der oft verspätet war. Eine Ersatzlokomotive wurde erst nach wiederholten Interventionen der Dispatcher vorgehalten.

Der großen Zahl von Störungen an den Gleisen und den Sicherungsanlagen sowie der Vielzahl von Bau- und Langsamfahrstellen, die die Züge verspäteten und schließlich die planmäßigen Übergänge der Lokomotiven und Wagenzüge unmöglich machten, stand der Dispatcherapparat hilflos gegenüber. Seine Vorschläge, die Streckenkapazität zu verbessern, in den Knoten den Personen- und Güterzugverkehr zu entflechten, blieben in der sozialistischen Planwirtschaft ohne Ergebnis, und zwar aus Gründen, die in den vorangegangenen Abschnitten beschrieben sind. Von den heren Zielen, die 1954 und 1955 genannt wurden, war in den achtziger Jahren wenig geblieben.

Wenn es nicht weiterging

Die Zahlen der täglichen Rückstau- bzw. unbespannten Züge wurden wie die Ergebnisse der Fußball-Oberliga verfolgt. Im Klartext bedeuteten sie: nicht aufnahmefähige Rangierbahnhöfe und damit verärgerte Lokomotivführer, die mit ihren Güterzügen irgendwo auf der Strecke standen und deren Dienstzeit abgelaufen war. Der Bahnhof Köthen war einer von vielen Dienststellen, der ständig von Zügen mit bis zu 24 Stunden außerplanmäßigem Aufenthalt besetzt war, weil entweder die Lokomotive, dann das Personal und schließlich die Aufnahmebereitschaft des Knotens Halle fehlten. Beispielsweise kam Zug 52743 am 17. Dezember 1982 um 8.50 Uhr mit einer Diesellokomotive von Bernburg an. Die elektrische Lokomotive stand bereit, die den Zug in Richtung Halle übernehmen sollte, es fehlte jedoch der Lokomotivführer. Der traf im Laufe des Tages ein, durfte aber nicht abfahren, da Halle den Zug nicht abnahm. Er reiste wieder ab, weil die Dienstzeit überschritten worden war. Um 21.40 Uhr kam neues Personal, und um Mitternacht durfte der Zug weiterfahren. Auf diese Weise entstanden in Köthen während eines Monats 61 828 min Verspätung bei 518 Güterzügen. Die Dienststellen spürten zu dieser Zeit kaum noch die lenkende Hand ihrer Dispatcherleitung.

Einige Lokomotivführer verließen ihr Gefährt auch ohne Genehmigung, wenn ihnen der Geduldsfaden riß. Flughafen Berlin-Schönefeld war ein berüchtigter Bahnhof, auf dem es nicht mehr weiterging, der den Lokomotivführern aber famose Zugverbindungen für die Heimfahrt bot ... Auf der Dampflokomotive wäre niemand auf die Idee gekommen, den Führerstand zu verlassen, denn der Dampfkessel mußte gespeist und überwacht werden. Mit den Diesel- und den elektrischen Lokomotiven gingen die Lokomotivführer sorgloser um. Sie schlossen sie einfach ab und liefen zum nächsten Personenzug, hielten ihn auch mit Kreissignalen an, nicht ohne vorher den Zug- oder Lokdispatcher mehr oder weniger genötigt zu haben: „Wenn ich in den nächsten drei Stunden nicht weiterkomme, dann ...“ Der verlegte sich auf's Trösten und Hinhalten. Auf dem Betriebsbahnhof Haideburg (Strecke Bitterfeld–Dessau) ließ ein Roßlauer Lokomotivführer seinen Zug stehen, lief zur Autobahn, wo er sich als Anhalter nach Hause kutschieren ließ. (Er soll fristlos entlassen

Die disziplinierte Einhaltung des Fahrplanes ist die Grundlage für die sichere und wirtschaftliche Betriebsführung!

Aus einer Agitationsbroschüre der Politischen Verwaltung der Deutschen Reichsbahn

worden sein.) Die Fälle waren nicht selten, daß bereits das zweite Lokomotivpersonal abgelöst werden mußte, ehe der Zug weiterfahren konnte. „Keine Perspektive" war ein häufiger Spruch.

Träumte man in den fünfziger Jahren von einer straffen, durchgehenden, sich am Militär orientierenden Kommandostruktur, die aber nie erreicht wurde, so war diese in den achtziger Jahren zunehmend aufgeweicht. Ar-

Der Dispatcher am „Pantoffel“ im Rba Berlin 3 (Berlin-Grünau) Foto: ZBDR

Mit diesem Streckenleuchtbild sollte dem Dispatcher im Rba Lutherstadt Wittenberg der Überblick über die Zuglage der Strecke Bitterfeld–Jüterbog möglich sein (1962). Foto: ZBDR

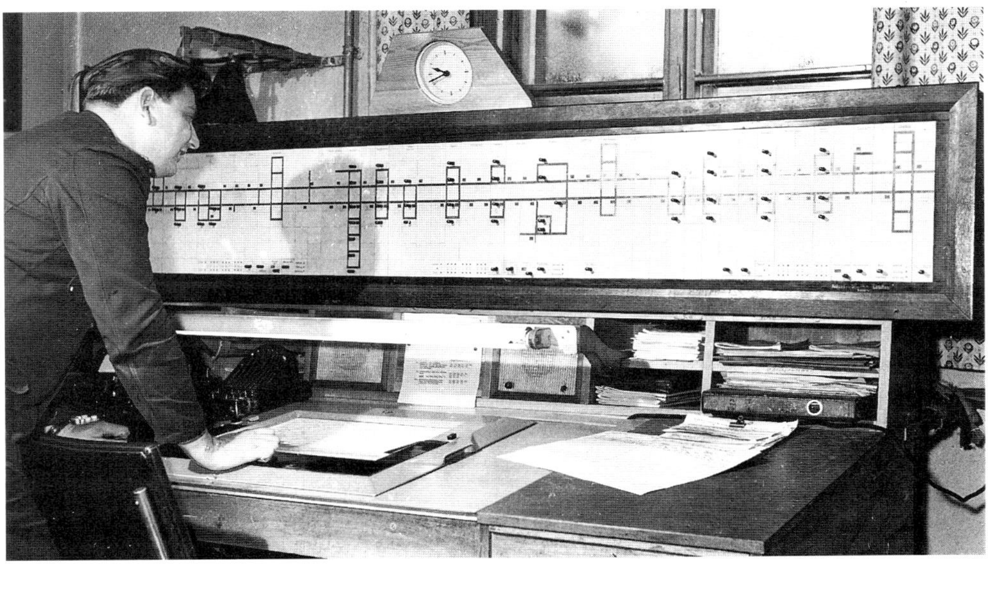

beits- und Operativstäbe, die neben dem Dispatcherapparat mehr oder weniger tätig waren, wurden nicht nur bei Großveranstaltungen gebildet, sondern auch für Situationen, die der Dispatcherdienst besser hätte verwalten können, etwa bei Schneefall oder bei komplizierter Betriebslage. Fühlten sich früher die Fahrdienstieiter entmündigt, die noch die Verantwortung, die ihnen die Zugleitungen ließen, kannten, so kam spätestens von 1970 an das gleiche Gefühl bei den Dispatchern auf. Unerschüttert hielt man an diesen Stäben fest, vielleicht um sich nicht nachsagen zu lassen, man unterschätze „die komplizierte Lage".

Wenn die Regularien auf die Erfüllung und Übererfüllung von Kennziffern, schließlich des Transport- und des Volkswirtschaftsplans zielten und nicht am Nutzen für den Kunden, wenn also die DR unter den Bedingungen ständiger Verkehrsverlagerung auf die Schiene ihren Zugbetrieb „noch irgendwie" meistern mußte, statt sich um Transport- oder Verkehrsanteile zu bemühen, blieben Widersprüche und Kuriosa nicht aus.

Dazu gehörte der Leerwagenausgleich ursprünglich um 22 Uhr, dann um 6 Uhr. Eine alte Prämisse der Eisenbahn lautete: Leerwagenabgabe geht vor eigene Beladung. Das Aufkommen an Leerwagen aus der Beladung und der Bedarf an solchen für die Beladung wurde täglich, getrennt nach Gattungen, zwischen den Direktionen reguliert, wozu diese aus der Betriebszentrale (bei der DR aus der Hauptdispatcherleitung) das tägliche operative Regulierungssoll erhielten. Die Leerwagen mußten bis zu einer bestimmten Uhrzeit über die Rbd-Grenze gefahren worden sein. Verstieß eine Rbd dagegen und wurde zum „Leerwagensünder", wurde sie angeprangert, denn sie beeinträchtigte ja im Beladebezirk die Erfüllung der täglich abgerechneten Beladepläne und dadurch die des Transportplans. Das erste Donnerwetter setzte es in der täglichen „Betriebslage", weiteres Grollen war in den immer häufiger werdenden Konferenzen oder Rapporten (am „Pantoffel" bzw. an den Nachfolgegeräten) zu vernehmen.

Die bösen, um nicht zu sagen rüden Worte des K., Chef des Hauptstabes, waren gefürchtet. Schließlich knöpfte sich der Minister den Präsidenten der Rbd vor, weil er in seinem Bezirk die Entladung ungenügend organisierte. Zwischen den Rbd-Bezirken Berlin und Cottbus kam es häufig wegen der Leerwagen zu Auseinandersetzungen, und so nimmt es nicht wunder, wenn ohne Rücksicht auf den übrigen Zugverkehr Leerwagenzüge bis 6 Uhr über die Rbd-Grenze „gepeitscht" wurden. Wie sagte es Hauptverwaltungsleiter L. bereits 1956? „Häufig beachten die Dispatcher die Rangordnung der Züge nicht. Sie sehen fälschlicherweise nur die Erfüllung ihrer Schichtleistungen, z. B. des Regulativs, und fahren Berufszüge, D-Züge und De auf den Rand – ja, sie weigern diese Züge sogar vom Nachbarbezirk." S., Leiter des Rba Zwickau, soll am 12. Dezember 1955 dem Zeitzer Fahrdienstleiter den Auftrag gegeben haben, die Personenzüge 1773 und 1350 zurückzuhalten, damit Lgo 19401 noch über die Rbd-Grenze gelangte. Der Dispatcher im

Rba Leipzig duldete das, und die Personenzüge erlitten 31 bzw. 50 min Verspätung.

Im Laufe der Zeit war das Nachrichtennetz des Dispatcherapparats technisch und moralisch verschlissen. Erst am 30. September 1974 wurde eine neue Streckendispatcher-Fernanlage in Betrieb genommen, so daß man sich für Konferenzschaltungen die Gesprächsteilnehmer selbst wählen und die besonderen Vermittlungen auflösen konnte. Eine direkte Sprechverbindung zum Führerstand der Lokomotiven war vor 1980 nicht möglich. Am 30. Juni 1980 begann auf der Strecke Dresden–Schöna der probeweise Duplex-Gegensprechbetrieb zwischen Festen und Mobilen Streckenfunkanlagen (FESA und MESA, kurz „Zugfunk"). Wollte der Streckendispatcher wissen, wie lange die Dienstzeit des Lokomotivführers noch reicht, ob er zu Überstunden bereit ist oder die Streckenkenntnis für eine bestimmte Strecke besitzt, mußte ohne Zugfunk der Fahrdienstleiter bemüht werden, der dann den Lokomotivführer an das Telefon holte. Einige Dispatcherleitungen besaßen nicht einmal Direktleitungen untereinander, wie die der Rba Berlin 1 und Berlin 2, obwohl diese wegen des regen Zugverkehrs über den Südlichen Berliner Außenring ständig miteinander sprechen mußten. Da half nur das übliche, genauso unzulängliche Basa-Fernsprechnetz.

Viele Fahrdienstleiter hatten sich angewöhnt oder waren, wenn der planmäßige Schrankenbediener oder Zugmelder fehlte, nur in der Lage, nach Minuten oder Viertelstunden die Zuglage gesammelt mitzuteilen. So erfuhr der Dispatcher von einer Situation, die gar nicht mehr bestand. Er konnte nur noch registrieren statt zu disponieren.

Für die Strecke Eisenach–Weißenfels wurde bei großer Geheimhaltung die Rechnergestützte Dispatcherzentrale (RDZ) installiert. Sie macht viele Meldungen entbehrlich, weil die Züge an bestimmten Punkten der Strecke ihre Kodierung eingeben und dadurch auf dem Monitor der Zuglauf im jeweiligen Augenblick verfolgt werden kann. Zusätzlich ist der Dispatcher in der Lage, die Bildschirmgrafik des Zuglaufs der letzten vier Stunden aufzurufen, sie auch ausdrucken zu lassen. Diese das Personal entlastende Technik reichte 1992 bis Berlin und soll weiter ausgebaut werden. Ohnehin brachte der Verkehrsrückgang nach der Wende mit sich, daß auf die Überwachung der Züge auf Nebenbahnen verzichtet wird; schließlich wurden die Dispatcherleitungen wie die Rba aufgelöst. Nur noch in den Direktionen wird der Zugbetrieb überwacht und geregelt. Mit der „Harmonisierung" der beiden deutschen Bahnen kehrten die früheren Begriffe und Strukturen zurück.

5 KADERFRAGEN SIND MACHTFRAGEN

Die Leiden der Leiter

Bevor 1991 nach dem Muster der Deutschen Bundesbahn in wenigen Wochen die kleineren nichttechnischen Dienststellen, aber auch große, zu Hauptdienststellen zusammengelegt wurden, gab es bei der DR über 900 selbständige nichttechnische Dienststellen, also solche mit Leiter. Sie reichten vom Leipziger Hauptbahnhof mit 1 300 Beschäftigten bis zum 8-Mann-Bahnhof, wie Hecklingen.

Im Laufe der Jahre änderten sich die Dienststellen-Klassifizierungen, die Bezeichnungen der Leiter (Dienststellenvorsteher, Dienstvorsteher, Vorsteher, Leiter der Dienststelle) sowie die Auffassungen, wie groß und gegliedert eine Dienststelle zu sein habe. Ende der fünfziger Jahre verloren die großen Güterabfertigungen und Fahrkartenausgaben ihre Selbständigkeit, sie wurden mit den Bahnhöfen zusammengelegt, nicht immer zu ihrem Vorteil. Nur in Halle (Saale) Hbf und Erfurt Hbf blieben selbständige Güterabfertigungen bestehen.

So formal manches erscheinen mag, ist doch in den Strukturveränderungen der Versuch erkennbar, die Organisation den Bedingungen anzupassen und die Stellung der Leiter zu verbessern. Bis Ende der siebziger Jahre bestand noch das Schema der alten Reichsbahn: Die kleinste Dienststelle war eine der Rangklasse V, es folgten IV, III, II, Ib, Ia bis zur Sonderklasse. Danach richteten sich die Bestückung der Dienststelle mit sogenanntem stellenplanpflichtigem Personal, dem Verwaltungspersonal, und dessen Entlohnung. Ende der siebziger Jahre sollten die Bahnhöfe „gerechter“ bewertet werden, die sogenannte „Typenstruktur“ wurde eingeführt. Sie maß die Bedeutung der Dienststelle nicht mehr vordergründig nach dem Betriebsdienst, sondern getrennt in Betriebs- und Verkehrsdienst. So gab es beispielsweise Dienststellen des Typs BC oder ED (der erste Buchstabe bezog sich auf den Betriebsdienst).

Unterschiedlich blieben die Ansichten, ob jeder kleineren Dienststelle ein Leiter vorstehen, viele kleine zu einer großen zusammengefaßt oder mehrere kleine einer großen unterstellt werden sollten. Über die Vor- und Nachteile derartiger Gliederung ließ sich streiten, und es wurde gestritten. Die Rbd Dresden bevorzugte jahrelang die Großdienststellen, eine z. B. von Dresden-Neustadt bis Radeburg reichend. Das Reichsbahnamt Bautzen hatte bereits 1957 einige „Komplexdienststellen“ gebildet, was nichts weiter bedeutete, als daß sechs kleinere sechs größeren Dienststellen unterstellt wurden, was in diesem einen Fall monatlich 1 846 DM gespart haben soll. Von „guten Erfolgen“ auf der Strecke Weißwasser – Forst war zu lesen, doch in der „Sozialistischen Chronik des Reichsbahnamtes Bautzen“ von 1961 wurde von „bestimmten Schwierigkeiten“ berichtet. Zum Beispiel müsse auf den unterstellten Bahnhöfen ein Beschäftigter, sozusagen als Vertreter des Vorstehers, die Ordnung und Disziplin aufrechterhalten. Bis 1961 waren in diesem Amtsbezirk 29 bislang selbständige Dienststellen einer anderen unterstellt worden.

Als Mitte der achtziger Jahre Kompetenz-, Verantwortungs- und Gedankenlosigkeit besondere Ausmaße annahmen, waren es vor allem die Reichsbahndirektionen Cottbus und Erfurt, die diese Unterstellungen zurückschraubten, damit jeder Eisenbahner seinen Vorgesetzten in der Nähe wußte. An der Ingenieurschule in Gotha wurden Lehrgänge für Facharbeiter eingerichtet, aus denen Leiter für kleine Dienststellen (Typ C, D oder E) hervorgingen.

Egal, ob die Dienststellen groß oder klein waren, unter sozialistischen Verhältnissen hatte die Autorität der Leiter gelitten. Das galt für Leiter von Dienststellen und Reichsbahnämtern ebenso wie für die Rbd-Präsidenten. Zwar wurde viel über Leitungstätigkeit geforscht, geredet und geschrieben (immer ideologisch verbrämt), an den Verhältnissen änderte sich jedoch wenig. Der Autoritätsverlust wurzelte im Umbruch 1945. Ein älterer Eisenbahner charakterisierte ihn so: „Der Schrankenwärter wurde Präsident und der Präsident Schrankenwärter.“

1945/46 hatten sowjetische Stadt- oder Bahnhofskommandanten vielerorts bewährte antifaschistische Widerstandskämpfer als Leiter von Dienststellen eingesetzt, und diese, im verständlichem Bestreben, sich von aktiven Nationalsozialisten zu befreien, lehnten bürgerliche „Obrigkeit“ generell ab. In Löbau (Sachs) beispielsweise ignorierte der vom Betriebsrat zum Bahnhofschef avancierte B. die Weisungen des Präsidenten der Rbd Dresden, entsandte sogar eine Delegation ins Direktionsgebäude, um ihm die Gefolgschaft zu kündigen. Jene, die jetzt den Ton angaben, verstanden es, unter dem Schutz der sowjetischen Transportkommandanturen, die bis 1950 auch im zivilen Verkehr die Befehlsgewalt ausübten, sich an der Spitze der Verwaltungen zu behaupten und die „Bürgerlichen“ zu verdrängen. Die Ehrlichkeit gebietet es freilich festzustellen, daß es neben manchen schwarzen auch weiße Schafe gab, nämlich überzeugte Kommunisten, die sich durch Fachwissen und die Tat Anerkennung verdienten und auch bestimmte Qualifizierungen nachhol-

Zugführer mit der Schärpe, dem Zugführerband (1956). Zu dieser Zeit bestand es aus Igelit, einem Kunststoff. Die Vorkriegsbänder aus Leder waren begehrt. In der „Fahrt frei" wurde gestritten, wo das Band seinen Ursprung hatte (Rest der früheren Umhängetasche) und ob der Zugführer von Einmannzügen das rote Band tragen müsse, wenn er gleichzeitig Ladeschaffner ist (er mußte). Verschiedene Vorschläge gab es, das überkommene Band durch ein Mützenband gleich den ČSD oder ein Armband gleich der DB oder durch ein Abzeichen abzulösen. Es blieb beim Alten bis zur Übernahme der DB-Dienstkleidung von 1991 an. Foto: ZBDR

ten. Die anderen aber brauchten sich um Qualifikation nicht zu sorgen. Widerstand aus der Belegschaft war nicht zu befürchten, denn auch nach 1945 sorgte die Angst um den Arbeitsplatz für Unterordnung und Disziplin.

„Fahrdienstleiter gibt es wie Sand am Meer" mußte sich ein aus der Gefangenschaft zurückgekehrter Eisenbahner vom Kaderleiter des Bahnhofs Zittau sagen lassen. Als Lokomotivführer, Stellwerkswärter, Fahrdienstleiter, Streckenmeister war eine Generation im Dienst, die entweder vom Krieg „u. k." gestellt worden oder gesund heimgekehrt und froh war, Beschäftigung im alten Beruf gefunden zu haben. Die alte Uniform aus gutem Tuch war zu Zeiten der Punktkarte und Bezugscheine ein beneidetes Kleidungsstück, wenn auch auf Anweisung der SMAD die militärisch aussehenden roten Biesen der Hosen und die Kokarde an der Mütze entfernt werden mußten. Die Schulterstücke und das Eichenlaub in den Kragenspiegeln trug man ohnehin nicht mehr.

Auf den Bahnhöfen gab es jetzt viele Frauen, die man während des zweiten Weltkriegs als Ersatz für die einberufenen Männer vor allem im Zugbegleit-,

Weichenreinigungs- und im Verkehrsdienst eingestellt hatte. Dazu kamen die Junghelfer, die 1944 zur Deutschen Reichsbahn gekommen und nun Zugführer oder Stellwerksmeister waren. Sie alle erhielten kärglichen Lohn, aber als Schichtarbeiter bis 1958 die Lebensmittelkarte C mit verbesserten Rationen und als Brennmaterial zu niedrigem Preis Holzschwellen zu kaufen. Nach Schichtschluß steckte man ein paar Briketts in die Aktenmappe, durfte sich aber nicht erwischen lassen. Dann wäre man als Saboteur der Volkswirtschaft entlarvt worden.

Meinen ersten Kontakt mit dem Eisenbahneralltag erhielt ich 1954 auf dem Bahnhof Kurort Oybin. R. war Dienstvorsteher, ein nicht gerade revolutionärer Genosse aus dem Sudetengau. Wie selbstverständlich ging auf der Dienststelle jeder (tagsüber waren es der Fahrdienstleiter, Rangierleiter/Gepäckabfertiger, Fahrkartenverkäufer, nachts nur der Fahrdienstleiter) seinen Aufgaben nach. Dem Bahnhof waren unterstellt der unbesetzte Haltepunkt Teufelsmühle und die besetzte Haltestelle Kurort Oybin Niederdorf. Sonntags war seinerzeit Hochbetrieb „nach Plan B" mit Vorzügen und überfüllten Wagen, an die sich seit dem Krieg viele gewöhnt hatten. Auch wenn es in den Gaststätten des Zittauer Gebirges nichts zu essen und auch keinen Bohnenkaffee gab, den allsonntäglichen Familienausflug ließ sich keine Zittauer Familie entgehen.

Wochentags, in den Zugpausen, begann ein Fahrdienstleiter mit der Lohn-

Brennstoffe für Berliner Haushalte werden an der Rampe der Güterabfertigung Berlin Ostgüterbahnhof umgeschlagen (1956). **Foto: ZBDR**

rechnung, ein anderer klebte die Berichtigungsblätter in die Vorschriften und Tarife, wieder ein anderer stellte kunstvolle Aushänge zusammen. Die anderen „gingen in die Anlagen", die wegen ihrer Blumenpracht von den Reisenden bewundert wurden. Die Sauberkeit, auch die sonntags aufgezogene sächsische Fahne, war selbstverständlich.

Ich kann mich nicht erinnern, daß die Arbeitszeit vertrödelt, Kaffee gekocht wurde (der ohnehin Mangelware war) oder daß ein Reisender „störte". Im Gegenteil: Expreßgutsendungen wurden vom Rangierer oder vom Lehrling unaufgefordert ins Haus gebracht, wofür es auch Trinkgeld gab.

Für den Dienstvorsteher, der sich auf diesem Bahnhof der Rangklasse IV um die Lehrlinge, die Neueingestellten und um das gute Aussehen des Bahnhofs kümmerte und einmal im Monat nach Bautzen zum „Dienstvorsteher-Seminar" fuhr, muß es eine Lust gewesen sein, die goldenen Sterne auf den Schulterstücken zu tragen[26]. Ab und zu ließ sich einer der „ganz Hohen" aus Berlin in seinem schönen Dienstzimmer (das zum Drehort des DEFA-Kriminalfilms „Spuren in der Nacht" wurde) mit Blick auf den Vorplatz und die Felsengasse sehen und meinte dann: „Urlaub brauchen Sie hier nicht, Sie haben doch immer Erholung!"

Weil es an Nachfolgern für die Dienstvorsteher mangelte und man gern auf das Personal der Schmalspurbahn zurückgriff, wurden die einst selbständigen Bahnhöfe den größeren unterstellt (R. wurde Leiter der Bahnhofskasse in Zittau). Am 1. Mai 1960 unterstand schließlich die gesamte Zittauer Schmalspurbahn dem Bahnhof Zittau, ein Sachbearbeiter für Schmalspur kümmerte sich mehr schlecht als recht statt der einst drei Dienstvorsteher um die Angelegenheiten der Bahn. Nur waren die Sorgen des großen („Vollspur-") Bahnhofs andere als die auf der Schmalspurbahn. Wenn der Dienstvorsteher anordnete, einen Eisenbahner zum Stellwerk XY des Bahnhofs Zittau umzusetzen, hatte sich der Schmalspurbearbeiter zu fügen, mochte er den Eisenbahner auch nicht gern entbehren. Solche Erfahrungen hatte bereits der ehemalige Dienstvorsteher der Güterabfertigung hinter sich.

Mit dem Personalmangel und der Ferne des Leiters kamen die Disziplinlosigkeiten: In Zittau Süd sonnte sich ein Fahrdienstleiter zwischen den Zugpausen im Liegestuhl, in Kurort Oybin verkam der einst so schmucke Bahnhof, in Zittau Vorstadt verfielen die Außenanlagen. Die Schmalspurbahn erwies sich nicht mehr als Reservoir von Arbeitskräften für den Mutterbahnhof Zittau, ihr selbst fehlten sie. Woher sollten sie auch kommen? Niemand im Dorf fand wie ehedem einen „Ansprechpartner", und, was die Schmalspurbahn nie gekannt hatte, sie wurde zum Schwerpunkt von Zuggefährdungen infolge oberflächlicher Dienstverrichtung.

Diese und viel schlimmere Zustände bei der DR insgesamt sahen viele

---

26 Der Dienstvorsteher der Rangklasse IV trug die Rangabzeichen „B 2", im Unterschied zu anderen Eisenbahnern, statt mit silbernen mit zwei vergoldeten Sternen.

pflichtbewußte Eisenbahner und fühlten sich nicht wohl. Ein Teil von ihnen brachte noch Ehrgeiz und Pflichtbewußtsein mit, ein anderer besaß solche Tugenden nicht oder hatte sie verlernt, andere resignierten ob der vielen menschlichen, technokratischen und systembedingten Unzulänglichkeiten. Daß die Eisenbahn überhaupt noch fuhr, lag wohl an der fast-militärischen Disziplin und an der Subalternität, die vielen Eisenbahnern noch innewohnte. Die aus Junghelfern oder aus der Berufsausbildung hervorgangenen Eisenbahner waren es aus innerer Berufung und gehörten zum „positiven Kern" jeder Belegschaft, der bereit war, Widrigkeiten klaglos hinzunehmen. Vom alten Beamtenstand hatte sich diese Mentalität des Klaglos-Dienens (Manche sagten: „Wir sind leidensfähig.") bis in sozialistische Zeiten hinübergerettet. Diese Eisenbahner verhielten sich auch stets loyal gegenüber ihren Vorgesetzten.

Den Alltag eines Leiters vermiesten die anderen Eisenbahner. Einige waren direkt aus dem Strafvollzug eingestellt worden. Sie mußten eingestellt werden auf Weisung der Abteilung Inneres des Rates des Kreises, die auf besondere Voraussetzungen, die ein Eisenbahner hätte mitbringen müssen, keine Rücksicht nahm. Sch., der Leiter des Bahnhofs Leipzig-Plagwitz, sagte 1986: „Durch die 30 Jahre als Leiter habe ich das Lachen verlernt. Ich habe mich nur noch mit Arbeitskräften herumzuärgern, die unter normalen Umständen weder in einem privaten noch in einem Staatsbetrieb angestellt worden wären." Das Wort „Was sich die DDR alles leisten kann" machte die Runde und traf auch auf die DR zu. An der Persönlichkeit des Leiters nagten die täglichen Kompromisse, die er eingehen mußte, um die Leistungsfähigkeit der Dienststellen, Amts- und Direktionsbezirke einigermaßen zu sichern.

Im Bahnbetriebswerk Cottbus begann fast jeder Fahrplanabschnitt mit einem Fehlbestand von 80 Lokomotivführern für den planmäßigen Dienst. Stän-

Rangierleiter Willy Sommerfeld vom Bahnhof Pirna. Zur Zeit der Aufnahme 70 Jahre alt und 56 Jahre im Rangierdienst (18. Dezember 1969).

Typischer, aber schlecht bezahlter Frauenarbeitsplatz: die Schrankenwärterin

„Winterkampf" auf dem Bahnhof Berlin-Pankow mit einem Propangas-Auftaugerät, rechts der Eisenbahner, links der Helfer aus der Produktionsgenossenschaft der Dachdecker (2. Dezember 1988).
Foto: ZB/Grimm

dig wurden Leistungen umverteilt, um die unterbesetzten Bahnbetriebswerke in Berlin zeitweise zu entlasten. Die Bws hatten zusätzliche Leistungen zu erbringen, vor allem für den Militärverkehr, für Arbeitszüge und die Bedarfs-Leergüterzüge. Jeder Arbeitswillige war willkommen und wurde mit Samthandschuhen angefaßt, um dessen Laune für Überstunden nicht zu verderben. Im Hauptdienstzweig Maschinenwirtschaft wurde mit einigem Erfolg, auch mit drastischen Maßnahmen, versucht, zumindest bei Lokomotiv- und Triebwagenführern wegen deren hohen Verantwortung für Leib und Leben der Reisenden sowie für die Güter Disziplinlosigkeiten nicht einreißen zu lassen. Beispielsweise sah man bei der Berliner S-Bahn kaum einen Triebwagenführer, der keine tadellose Uniform getragen hätte.

Entmündigt fühlten sich die Leiter auch durch sogenannte operative Entscheidungen des Dispatcherdienstes. Die Bezeichnungen „Stab" und „Hauptstab" deuteten bereits auf das unerbittliche, militärische Diktum. Der Betriebsdienst beherrschte alle Entscheidungen, das Kommerzielle trat bis 1989 stets in den Hintergrund. Wichtig war immer, die Züge rollten, egal wie. Die immer größer werdenden Anforderungen nach Bereitschaftslokomotiven mit Personal statt auf die Planmäßigkeit des Zugverkehrs zu dringen, waren solche Ärgernisse.

Persönliches Erscheinen ist Pflicht

Der Beschäftigte hatte den Leiter mit seinem Ja oder Nein zu einer Sonderschicht in der Hand. Meist war die Zahl der gesetzlich zulässigen und/oder von der Gewerkschaft darüber hinaus genehmigten Überstunden überschritten, so daß es auf mehr oder weniger Freiwilligkeit des Eisenbahners ankam, ob er die zusätzliche Schicht ausführte. Wenn es soweit gekommen war, daß ein Leiter die Überstunden „anordnete", hatte er in der Regel verspielt.

Besonders auf großen Dienststellen blieb wenig Zeit für die eigentlichen Aufgaben eines Leiters, die Mitarbeiter anzuleiten und die Erledigung der Aufgaben zu kontrollieren sowie für die Verbesserung der Arbeit Vorschläge auszuarbeiten. Ein aufgeblähter Inspektions- und Kontrollapparat übergeordneter Stellen, Rapporte und Konferenzgespräche, eine Vielzahl von Terminen und Einladungen von Partei, Gewerkschaft und staatlichen Organen beschnitten seine Zeit. Auf großen Bahnhöfen die Schichtleiter, in den Direktionen die Unzahl von Vizepräsidenten und Beauftragten förderten eine Eigendynamik, die die Kompetenzlosigkeit, das Beratungs- und Abstimmungsunwesen geradezu provozierte. Zwar sollten Abteilungs- und Gruppenleiter oder ein Vertreter den Leiter der Dienststelle unterstützen, aber diese – die Rba-und Rbd-Mitarbeiter nicht ausgenommen – mußten als Blockwärter, Fahrdienstleiter, Zugführer, Güterbodenarbeiter oder als Lokomotivführer Personalengpässe überwinden helfen.

In vielen Fällen wurde verlangt, daß der Leiter „persönlich" zu erscheinen

Sie begleiteten in Überzahl die Eisenbahner während ihres Dienstes: die Transportpolizisten. Oberoderwitz (17. Juni 1973). Foto: Greinke

oder am Rapport teilzunehmen habe. Die Verfügungen kannten nur noch die Schlußformel: „Für die … ist der Leiter der Dienststelle persönlich verantwortlich." Die Delegierung der Aufgaben war suspekt, was öffentlich beklagt wurde. Auch ein 1975 erarbeiteter Aufgabenkatalog für Dienstvorsteher änderte an den Umständen wenig. Der Dienstvorsteher sollte in der Lage sein, die Arbeit zu planen, um „wichtige Grundsätze der Leitungstätigkeit erfaßbar zu gestalten und den Aufwand der Leitungstätigkeit zu vermindern. Mit ihrer Hilfe kann die Leitungstätigkeit in einen planmäßigen Rhythmus und ihr Inhalt in zweckmäßige Proportionen gebracht werden."[27] Nur: Außenstehende hielten sich nicht an diese Grundsätze. Das ging dem Leiter einer örtlichen Dienststelle so wie dem Minister, ohne daß jemand eine Erklärung abgeben konnte,

---

27 Holland-Nell, Homuth, Teubner: Der Aufgabenkatalog für Dienstvorsteher – ein Mittel der WAO in der Leitungstätigkeit auf Bahnhöfen, in: Eisenbahnpraxis, Berlin, 12/1975, Seiten 407 ff.

Der Streckenwärter zwischen Blankenheim Trennung und Hergisdorf (8. Oktober 1977) Foto: Schütze

warum dies so war. L., Amtsvorstand des Rba Frankfurt (Oder), kritisierte im Januar 1969 auf der Parteiaktivtagung der Rbd Berlin: „Die hektische Betriebsamkeit beginnt bei der obersten Leitungsebene und endet bei den Bahnhöfen. Ich habe auch öfter darauf verwiesen, daß es trotz meiner Verantwortung für den Rba-Bezirk nicht richtig ist, daß ich täglich und stündlich für den letzten O-Wagen zur Erfüllung des Leerwagenausgleichs gefordert werde, wie es an vielen Tagen dreimal der Fall war."

So kam es, daß sich die Präsidenten bereits 4.30 Uhr ins Schlafzimmer die Betriebslage melden ließen, um dem Minister bis 5 Uhr Rede und Antwort stehen zu können. Für die meisten der Präsidenten war es üblich, bereits 5.30 Uhr, auch am Wochenende, im Büro zu sein und die nachgeordneten Mitarbeiter zu versammeln. Der Erste Stellvertreter des Generaldirektors der DR hielt zu dieser Zeit bereits seine Umfragen.

„Komplizierte Betriebslagen", Schneefall, Hitze, Großveranstaltungen, Rübenverladung – all das, was man auch als Verkehrsspitzen bezeichnen könnte, führte Ende der sechziger Jahre zu Arbeits- und Operativstäben, die neben dem Dispatcherdienst zusammentraten und immer zu spät aufgelöst wurden. Sie gehörten, wie die Wochenendkonferenzen (auch nachts um 2.30 Uhr), die Rapporte, die Lagebesprechungen, zum Ritual geschäftiger Leitungstätigkeit. Dazu kam das Klein-klein, besonders auf der unteren Ebene. Sch. in Leipzig war an jedem Vormittag „mit so vielen Hilfsvorgängen", wie er sagte, „beschäftigt, daß die Zeit und Kraft für das Wesentliche fehlen."

Der Freiraum der Leiter blieb beschnitten. Er war etwas weiter, wenn die hauptamtlichen Funktionäre (auf Dienststellen mit mehr als 500 Eisenbahnern waren hauptamtliche Parteisekretäre und Vorsitzende von Betriebsgewerkschaftsleitungen eingesetzt, die bei allen Entscheidungen gehört sein wollten – Betriebsgruppen der SED wurden in den Dienststellen der DR bereits 1946 geschaffen) die Spielregeln nicht beherrschten und ihre Kompetenzen nicht nutzten. Der Leiter eines Bahnhofs hatte z. B. die Zustimmung der SED-Parteileitung zu beabsichtigten Personalveränderungen bereits ab Wagendienst, Fahrkartenverkäufer, Stellwerkswärter einzuholen. Es gehörte zum guten Ton eines Leiters, stets in „Übereinstimmung mit der Parteileitung" zu handeln. Aber es gab auch welche, wie H., den Leiter des Rba Neustrelitz, die die Parteifunktionäre möglichst ignorierten. Es gab gute und schlechte Leiter, grobschlächtige und solche mit Manieren. Ob jemand Mitglied der SED

Wagenreinigerinnen im Bahnbetriebswagenwerk Hoyerswerda (24. Januar 1974) Foto: Kubenz

war oder nicht (von einer bestimmten Dienststellengröße an war der Leiter bestimmt Genosse), hatte für dessen Format keine Bedeutung. Mancher verstand es, fehlendes Format durch forsches Auftreten und großangelegte politische Reden „zum passenden Zeitpunkt“ zu ersetzen.

Für diesen Kreis war nicht der Dienstunterricht wesentlich (ihn überließ man anderen), sondern der Wettbewerbsbeschluß, die Zivilverteidigung, das Kampfprogramm der SED-Grundorganisation, die Sicherungskonzeption, der Arbeitsplan zur Sicherung der masssenpolitischen Arbeit – wurde doch selbst bei Betriebsprüfungen zuerst die politische Tätigkeit des Leiters beurteilt. Einige waren auch immer eifrig, wenn eine Kampagne anrollte „zu Ehren des …“, „in Vorbereitung des …“, zum Geburtstag Lenins, zum Karl-Marx-Jahr, zum Jahrestag der Oktoberrevolution (siehe auch 8. Abschnitt). Das Transparent für die Bahnhofsfassade war schnell bestellt, mochte der Regen auch durch die löchrigen Dachrinnen plätschern. In Bahnbetriebswerken prankten Ehrenhaine mit Fahnenwäldern und verdeckten den Lokomotivschuppen, der wegen Einsturzgefahr nicht betreten werden durfte. Im Nachahmen waren viele groß, einige betätigten sich wie der legendäre Schwejk. Weil Walter Ulbricht sich regelmäßig mit Werktätigen am runden Tisch traf, um so die Verbundenheit von Partei und Volk zu demonstrieren, mußte das auf Geheiß der Politischen Organe kopiert, mußten „Leitertreffs“ veranstaltet und „abgerechnet“ werden. Der Leiter des Bahnhofs Lauchhammer West wußte sich zu helfen. Er holte die Lehrlinge zu sich und nutzte die Zeit für die – Arbeitsschutzbelehrung.

Auf kleinen und mittleren Dienststellen fehlte es meist an der gesellschaftlichen Aktivität, wenn die Eisenbahner auch nahezu ausschließlich im „Titelkampf“ standen, d. h. alljährlich den Titel „Kollektiv der sozialistischen Arbeit“ verteidigen mußten. Das „Brigadetagebuch“ zu führen, den „Titelkampf“ abzurechnen, den Wettbewerbsbeschluß zur Führung des sozialistischen Wettbewerbs oder in der SED-Grundorganisation das „Kampfprogramm“ für die SED-Kreisleitung zu schreiben, war meist allein Aufgabe des Dienstvorstehers. Seit Anfang der achtziger Jahre schlug die geringe Aktivität in Desinteresse um, was mit der allgemeinen politischen Lage in der DDR zusammenhing.

Viele Eisenbahner verweigerten sich, auch nur eine Minute mehr als die Arbeitsaufgabe zu tun. In der Regel fanden die Polit-Instrukteure und Gewerkschaftsfunktionäre – auch bestimmte Leiter der Reichsbahnämter - nicht mehr den Weg zu den Eisenbahnern auf dem Stellwerk oder am Gleis, sondern steuerten direkt ins Büro des Leiters oder des hauptamtlichen Parteisekretärs. Einen Rangierer als Kandidaten der SED zu werben, war nicht Sache des Polit-Instrukteurs, dazu animierte er den Dienstvorsteher. Auf dem Bahnhof Neustadt (Dosse) mochte sich 1977 niemand in die Betriebsgewerkschaftsleitung wählen lassen, so daß der Leiter des Bahnhofs die Wahl selbst organisieren mußte (feine Gewerkschaft!)

Was den Leiter des Bahnhofs am meisten beunruhigte:
Die ständige Besetzung der niedrig bewerteten Schrankenposten und Blockstellen. Blockstelle 91 (Nahrstedt) zwischen Stendal und Oebisfelde (10. März 1987).
Foto: Erich Preuß

Der Berufs- oder Sonderverkehr. Leipzig Messebahnhof. Foto: Illner

Die Festtagsversorgung – ein Stichwort, das für Vorrang auf überfüllten Stückgutböden sorgte.
Foto: ZBDR/Zimmer

Die meisten Leiter besuchten nach praktischer Tätigkeit von einigen Jahren die Ingenieurschule in Dresden (technische Fachrichtungen, Ingenieurökonomie) oder in Gotha (nichttechnische Richtung) oder die Hochschule für Verkehrswesen „Friedrich List“ Dresden. Präsidenten und Leiter von Hauptverwaltungen kamen nicht umhin, vorher oder zwischenzeitlich die Parteihochschule in Berlin oder in Moskau zu absolvieren.

Nicht wenige Leiter schwammen einfach mit oder schauspielerten, wenn es um Bekenntnisse oder um Äußerungen unter mehr als vier Augen ging. In der „Fahrt frei“ las man so etwas Leidenschaftsloses von Sch., dem Leiter des Bahnbetriebswagenwerkes Cottbus: „So haben wir unsere Verpflichtungen erfüllt, seit dem 1. Oktober 1977 bereits nach Kennziffern von 1978 zu arbeiten. Dadurch hatten wir einen guten Start und nahtlosen Übergang zum neuen Plan. Gegenwärtig diskutieren wir unsere Ziele im Gegenplan, um ebenfalls zu den 30 guten Taten der Eisenbahner zum 30. Jahrestag der DDR beizutragen.“[28] Zumindest bis Anfang der achtziger Jahre hätte eine nur andeutungsweise ehrliche Haltung die Stellung gekostet.

Dr. H. war „mit Leib und Seele“ Eisenbahner. Bereits als Kind fiel er bei der Pioniereisenbahn durch Wißbegier auf. Er studierte, wurde wegen ausgezeichneter Leistungen Betriebsleiter des kleinen Reichsbahnamtsbezirkes Berlin 5, promovierte, wurde leitender Mitarbeiter einer zentralen Dienststelle, spürte aber eine Berufung, wieder unmittelbar mit dem Eisenbahnbetrieb und den Eisenbahnern verbunden zu sein. Er durfte sich seine Tätigkeit nicht aussuchen. Die Rbd Berlin brauchte wieder einmal einen Leiter für den Rangierbahnhof Berlin-Wuhlheide. Als H. im Sommer 1977 seinen Urlaub beendete, erwartete ihn bereits eine böse Nachricht: Auf Stellwerk „Egb“ fehlte der Fahrdienstleiter. Dieses Stellwerk ist eine am Berliner Außenring gelegene primitive, der Sonnenbestrahlung und dem Lärm unmittelbar ausgesetzte Bude. Wegen des dichten Zugverkehrs zwischen Grünauer Kreuz und dem Rangierbahnhof Wuhlheide sowie der abzweigenden zweigleisigen Strecke nach Berlin-Karlshorst–Berlin Ostbahnhof sowie der eingleisigen Strecke nach Berlin-Köpenick–Frankfurt (Oder) steht normalerweise dem Fahrdienstleiter ein Zugmelder zur Seite.

Bereits Sonnabendmorgen war die Nachtschicht ohne Ablösung geblieben. Der Vertreter des Leiters hatte telefonisch Ersatz geholt, den Technologen R., der 9 Uhr den Dienst antrat und tagsüber ohne Zugmelder blieb. Um 17 Uhr erschien P., der Zugmelder, aber für R. kam keine Ablösung. Nach einigem Telefonieren packte R. seine Tasche und meldete sich bei der Dispatcherlei tung ab: „Ab 19.30 Uhr in ‚Egb‘ kein Zugverkehr!“

Das war katastrophal. So mag dem Zugdispatcher im Reichsbahnamt Berlin 1 ein Stein vom Herzen gefallen sein, als sich P. über die Wechselsprechanlage als Fahrdienstleiter anbot. Dazu war er weder ausgebildet, geprüft noch

---

28 Fahrt frei, Berlin, 1/1978

berechtigt. Doch der Zugdispatcher konnte das bereits eingeleitete „Katastrophenprogramm" abbrechen und ermunterte P.: „Aber schön aufpassen!"

Zu dieser Zeit erfuhr Dr. H. in seiner Wohnung von der fragwürdigen Besetzung auf „Egb". Er verlangte von P. nicht, seine Fahrdienstleiter-Tätigkeit sofort zu beenden, sondern vertraute darauf, eine Ablösung werde noch eintreffen. Er sagte: „Wenn bis 21.15 Uhr kein Fahrdienstleiter kommt, rufen Sie mich an!", ohne zu wissen, was er dann entscheiden sollte.

Bis 21 Uhr verkehrten 16 Züge über diesen Bahnhof. Von Berlin-Schöneweide kam Dg 64117, der nur eine Schlußlampe führte. Dort hatte K., ebenfalls Leiter des Bahnhofs, angeordnet, bei Mangel von Schlußlampen (Mangel war immer!) die Züge nur mit einer Lampe abfahren zu lassen. Diese eine Schlußlampe des Dg 64 117 war obendrein verloschen. Der Zug fuhr in Richtung Berlin-Karlshorst und mußte vor dem Blocksignal anhalten. Ihm folgte D 1191, ein Militärzug für sowjetische Militärangehörige, für den P. in „Egb" wegen des vom Güterzug besetzten Blockabschnitts das Ausfahrsignal nicht auf Fahrt stellen konnte. Er erkundigte sich bei der Fahrdienstleiterin auf dem Stellwerk „Og". Das war die Leiterin des Bahnhofs Berlin-Karlshorst, die ebenfalls nicht als Fahrdienstleiter dieses Stellwerks geprüft war und kaum über sicherungstechnische Zusammenhänge Bescheid wußte. P. fragte die Ahnungslose, warum er das Ausfahrsignal nicht auf Fahrt stellen könne, bei ihm sei „rot". Damit meinte er die rote Farbscheibe im Anfangsfeld des Streckenblocks. Ein versierter Eisenbahner hätte geantwortet: „Der Abschnitt ist besetzt, Du mußt auf meine Rückblockung warten." Sie aber antwortete: „Mein Feld ist auch rot", was P. als Störung deutete. Er bediente für D 1191 das Ersatzsignal, ohne die Rückmeldung des vorausgefahrenen Zuges einzuholen. Begünstigt durch den dunklen Zugschluß stieß D 1191 mit Dg 64 117 zusammen. Es gab Verletzte und 1 Million Mark Sachschaden.

Angeklagt wurden vom Stadtbezirksgericht Berlin-Köpenick der Zugmelder P., aber auch der Leiter Dr. H. wegen risikohaften Verhaltens. Die Verhandlung endete mit einem Tadel für den Leiter.

Dr. H. nutzte die Beweisaufnahme zu einer Erklärung, mit der er ein dramatisches, jedoch zutreffendes Bild von der Situation auf der Dienststelle im allgemeinen und vom Leiter im besonderen zeichnete. Er sei bei seiner Rückkehr auf die Dienststelle erschüttert gewesen, als er erfuhr, wie sich der soziale Standard der Eisenbahner verschlechtert habe. Überstunden, nichtgewährter Urlaub, desolate Arbeitsplätze und miserable Disziplin seien kennzeichnend. Weder Reichsbahnamt noch Direktion nähmen dies zur Kenntnis oder sähen eine Lösung. Stattdessen motivierte man die Eisenbahner mit ungesetzlichen Prämienzahlungen. In Berlin-Wuhlheide sei es üblich gewesen, für jede Zusage zu einer Sonderschicht 50 bis 100 Mark extra zu zahlen. Er habe mit dieser Praxis Schluß gemacht, und seitdem sei es erst recht zu Schwierigkeiten mit der Dienstpostenbesetzung gekommen, was ihm, der korrekt bleiben wollte, ständig vorgehalten wurde.

Ankunft eines S-Bahn-Zuges von Berlin-Friedrichstraße in Zentralflughafen Berlin-Schönefeld vor dessen Umbau (1964) **Foto: ZBDR**

Eine derartige Analyse in der Öffentlichkeit einer Gerichtsverhandlung war ungewöhnlich; ließ die Rede Dr. H.'s doch Schlüsse auf die allgemeinen gesellschaftlichen Zustände bei der DR und in der DDR zu. Bislang hatten sich die Leiter von Dienststellen eher unterwürfig gezeigt. Nicht wegen des gerichtlichen Tadels, sondern wegen dieser Erklärung wurde Dr. H. als Leiter des Bahnhofs abgelöst. Der Nachfolger vermochte allerdings ebenfalls nicht, der Schwierigkeiten Herr zu werden.

Keine Leute?

Wer sich fragt, wieso es bei der Vollbeschäftigung in der DDR zum die Wirtschaft bereits lähmenden Arbeitskräftemangel kam, möchte bedenken, daß zwar 95 Prozent aller Bürger der DDR im arbeitsfähigen Alter beschäftigt wa-

Warten auf den Zug. Der Bindestrich zwischen „Berlin“ und „Ostbahnhof“ wurde, weil falsch, eines Tages abgeschlagen.
Foto: Migura

Lehrlinge stehen Spalier: Inbetriebnahme des Gleisbildstellwerks Falkenhagener Kreuz am Westlichen Berliner Außenring.

ren, daß aber der riesige Überbau (Staatsappparat, Armee, Grenztruppen, Polizei, Staatssicherheit, Partei und Gewerkschaft) sowie die niedrige Arbeitsproduktivität das Arbeitskräftepotential aufzehrten.

Tabelle 7
Zahl der durchschnittlichen Überstunden je Vollbeschäftigteneinheit in den Jahren 1986 und 1987

	1986	1987
Insgesamt	141,5	141,9
davon wegen Arbeitskräftemangels	108,5	107,6
Hauptdienstzweig M[1]	149,5	184,2
davon wegen Arbeitskräftemangels	122,6	123,6
Hauptdienstzweig BV[2]	149,5	140,4
davon wegen Arbeitskräftemangels	134,0	125,4

[1] Maschinenwirtschaft
[2] Betriebs- und Verkehrsdienst

Winterinspektion des Ministers für Verkehrswesen und Generaldirektors der DR, Otto Arndt, in Seddin. Umgeben ist er von führenden Funktionären der Partei und der Gewerkschaft (1985). Foto: ZBDR/Stelzer

Karl-Marx-Stadt-Hilbersdorf, einer der drei großen sächsischen Gefälle-Rangierbahnhöfe, aber mit einer Seilzuganlage, mit deren Hilfe die Züge vom Ablaufgleis rollten (16. November 1962). Foto: Illner

Etwa seit 1960 beherrschte der Arbeitskräftemangel die Eisenbahn in der DDR immer mehr, was nicht allein auf die in den Westen Flüchtenden zurückzuführen war. Auch nach Schließung der Grenze am 13. August 1961 hielt er an, er verstärkte sich bis zur Wende 1989 und hatte seine Ursache in der Umverteilung der arbeitsfähigen Menschen für Staats- und Parteiapparat, Armee, Polizei- sowie die „strukturbestimmenden" Vorhaben, nämlich extensive Erweiterungen von Betrieben und Kombinaten. Der DDR fehlte es seit ihrer Gründung 1949 an Industrie. Von den Bruderländern waren kaum zuverlässige, qualitäts- und sortimentsgerechte Lieferungen zu erwarten; das Erdöl aus der UdSSR mußte mit Waren gut bezahlt werden, und vom Westen hatte die DDR aus politischen Gründen wenig zu erwarten, Boykotte und Embargolisten gab es genug. Ihr Autarkiebestreben war begründet. So wurden das Eisenhüttenkombinat Ost aufgebaut, die Chemiebetriebe in den Bezirken Halle und Leipzig erweitert, die Braunkohlenförderung forciert. Alle diese Betriebe brauchten Anschluß- und Werkbahnen, und viele Eisenbahner ließen sich locken.

Die „strukturbestimmenden Vorhaben", ein von Walter Ulbricht geprägter Begriff im Schwerpunktdenken der Funktionäre, entfalteten ihren Sog, denn sie bedeuteten Neubauwohnungen, bessere Entlohnung, Versorgung und soziale Einrichtungen. Bewußt wurde das Nachsehen all jener Wirtschaftszweige in Kauf genommen, die nicht „strukturbestimmend" waren. Auf die Dienstausführung bei der DR hatte das verheerende Auswirkungen. Als die DR – von der Planwirtschaft bestimmt – mehr als Dreiviertel des Binnengüterverkehrs und den Großteil des Personenverkehrs zu tragen hatte, ohne daß die materiellen Voraussetzungen für einen geregelten Betrieb bestanden, kehrten Verhältnisse ein, wie sie bei den „sozialistischen" Bahnverwaltungen leider so typisch waren.

Inzwischen waren die Arbeitskräftereserven erschöpft, denn Ende der achtziger Jahre verließen die „geburtenschwachen" Jahrgänge (DDR-Bezeichnung für den „Pillenknick") die Schulen. Bis 1981 rechnete man jährlich mit 220 000 Schulabgängern, 1988 mit 165 000, 1989 mit 125 000.

Bei der DR war nie durchgreifend rationalisiert worden (siehe 3. Abschnitt). Niedriges Einkommen[29], fehlende Wohnungen und der Schichtrhythmus verschlimmerten den Mangel. Um die Planzahlen der Berufsausbildung zu erfüllen, wurden in großer Zahl weibliche Schulabgänger eingestellt, obwohl die meisten Arbeitsplätze nur für Männer geeignet waren. Der Mädchen- und Frauenanteil führte zu weiteren Ausfällen, wenn es um den Schichtdienst, um Freistellungen wegen der Geburt der Kinder oder bei deren Erkrankung ging. Im Bezirk des Reichsbahnamtes Stralsund wurden 1985 statt der 74 geplanten Lehrlinge 39 eingestellt, davon 38 weibliche. 1989 waren es 6 Lehrlinge weniger als es der Plan vorsah, aber alle weiblich. Die Folgen konnte sich jeder Leiter ausrechnen: Fluktuation nach dem Ende der Berufsausbildung und vom Beginn der Mutterschaft an. Im September 1988 standen im Reichsbahnamtsbezirk Stralsund 200 notwendigen Fahrdienstleitern 150 vorhandene gegenüber. Sogar der Leiter des Amtes mußte in die Dienstreglung der Bahnhöfe eingreifen. So sehr viele bemüht waren, die vom Rat des Kreises vorgegebenen Planzahlen bei der Einstellung der Lehrlinge zu erreichen, so litt doch das Niveau der Neueingestellten. Die Menge war wichtig, nicht die Güte.

1966 hatte ich mich als Vertreter des Dienstvorstehers auf dem Bahnhof Bischofswerda mit dem Kaderleiter geeinigt, nicht dem allgemeinen Trend zu folgen, sondern ungeachtet der Zahl der Bewerber mit keinem Schulabgänger mit der Note 4, mit Kindern von Eisenbahnern und der Note 4 nur bei guter verbaler Beurteilung Lehrverträge abzuschließen. Den Sohn eines Eisenbahners mit mehreren Vieren und zwei Fünfen sowie schlechter Beurteilung einzustellen, lehnte ich ab.

R., dessen Vater, beschwerte sich beim Reichsbahnamt Bautzen, und ei-

---

29 Der Dienstvorsteher eines Bahnhofs der Rangklasse IV (etwa 70 Eisenbahner) hatte bis etwa 1965 ein Bruttoeinkommen von 525 M (netto 380 M). Erst als im Sommer 1986 der Güterverkehr zusammenzubrechen drohte, besannen sich Politbüro und Ministerrat auch auf „lohnpolitische Maßnahmen".

nes Tages stand Martha R., die Kaderinstrukteurin, im Vorzimmer des Dienstvorstehers, um vor allen Versammelten meine Entscheidung zu mißbilligen. Auf meine Rechtfertigung entfuhr ihr immer wieder: „Aber ihr seid doch Genossen!" Niemand widersprach ...

Auch im Ministerium für Verkehrswesen fand niemand den Mut, grundlegend an den Verhältnissen etwas zu verändern. Immer wieder einmal beschäftigten sich Arbeitsgruppen mit der Frage, wie die Leitungstätigkeit effizienter sein könne, wie man unabhängig von der drückenden Arbeitskräftenot werden könnte. Die Lehrgänge am Institut für sozialistische Wirtschaftsführung halfen dem Leiter wenig, zumal nur der „ein richtiger Kader" war, der sich sein Wissen auf der Parteischule holte. „Die Zentralschule der Politischen Verwaltung der Deutschen Reichsbahn Erich Steinfurth und die Sonderschulen haben wesentlich dazu beigetragen, die Kader zu entwickeln und auszubilden, die der zunehmenden Kompliziertheit und Schwere der Aufgaben gewachsen und sich ihrer großen Verantwortung gegenüber der sozialistischen Gesellschaft bewußt sind", rühmten sich die Politischen Organe 1960. [30] Dabei waren es gerade die Funktionäre von Partei und Gewerkschaft, die die Autorität des Leiters untergraben hatten und weiter untergruben. Auf manchen Veranstaltungen, während derer einzelnen Leitern ins Wort gefallen und sie zum Verlassen des Rednerpults genötigt wurden, gewann ich den Eindruck, man hatte sich das von den Stalinschen Schauprozessen mit dem Ankläger Wyschinski abgesehen.

Letztlich scheiterte die Diskussion über die Stellung des Leiters bereits an der dogmatischen Feststellung „Kaderfragen sind Machtfragen". Und: „Nur der ist ein sozialistischer Leiter (was immer das sein sollte – E. P.), der ein politischer Leiter ist." Ja, er sollte „in erster Linie ein politischer Leiter sein", der Partei – der SED selbstverständlich – treu ergeben und sich an ihre Beschlüsse strikt haltend. Eine Prämisse der "wesentlichen Kriterien der Beurteilung von Führungs- und Leitungskadern" der DR lautete: „Entsprechen die politischen und fachlichen Kenntnisse (...) der Funktion?" Zuerst eben immer die politischen Kenntnisse. Und in den „Forderungen an einen sozialistischen Leitungsstil" stand unter 1. „kämpferisches Eintreten des Leiters bei der Lösung der Schwerpunktaufgaben, insbesondere gesellschaftlicher Aufträge." Im Entwurf der Führungsgrundsätze von DB und DR des Jahres 1992 findet sich nirgendwo ein Wort von „politisch" oder „ideologisch". Der Leiter ist den Kunden, seinem Unternehmen und seinen Mitarbeitern verpflichtet, ist deren „Dienstleister". Der Arbeitskräftemangel machte den Chefsessel zusätzlich unattraktiv.

Der DR fehlten stets dieselben unattraktiven Berufsgruppen wie der DB. Letztere aber konnte zwei Jahrzehnte lang türkische, jugoslawische und andere Gastarbeiter einstellen, und seit 1990 helfen die DR-Eisenbahner der

---

30 Uns gehören die Schienenwege, Berlin 1960, Seite 276

DB. Kampagnen, ehemalige Lokomotivführer, die ihren Grundwehr- oder Reservistendienst ableisteten, oder Eisenbahner, die zum Kraftverkehr oder in andere Betriebe gewechselt waren, zur DR zurückzuholen, brachten nur zeitweise Linderung und kosteten der Volkswirtschaft viel Geld. Nach den Kosten fragte ohnehin niemand.

Besonders die Rangierbahnhöfe versetzten am Freitag jede Rbd in Aufregung, weil die Besetzung der wichtigsten Dienstposten zum Wochenende („technologischer Mindestbedarf") nicht gesichert war. Sie waren nur noch durch abgeordnete Eisenbahner in Gang zu halten, stand ihnen doch allenfalls 30 Prozent der notwendigen Besetzung als Stammpersonal zur Verfügung. Mancherorts durfte der junge Schlosser erst dann Lokomotivführer werden, wenn er 1/2 Jahr als Rangierarbeiter gearbeitet hatte. Den Abgeordneten wurde entgegen den gesetzlichen Bestimmungen über das halbe Jahr hinaus Trennungsentschädigung gezahlt. Für große Notfälle bestanden außerdem die Mobilen Rangierbrigaden Nord und Süd, für deren Zusammensetzung die Hauptverwaltung des Betriebs- und Verkehrsdienstes der DR zuständig war.

War die tägliche Sorge um unbesetzte Stellwerke und Rangierbrigaden für den Leiter zermürbend, wogen die ständigen Auflagen, Eisenbahner irgendwohin abzugeben (und das ihnen schmackhaft zu machen), genauso schwer, und zwar zum Jugendaufgebot Elektrifizierung, zur Berlin-Initiative, zum Fährhafen Mukran, zur Erdgastrasse in der UdSSR – bis nach Sibirien und nach Kasachstan! In den Direktions- sowie Amtsbezirken gab es weitere solcher Initiativen, wie in Berlin das „Jugendaufgebot Fka – Fern". Dazu kamen die „Beauftragten", die „die Absicherung dieser volkswirtschaftlich bedeutenden Maßnahmen" durchzusetzen hatten. Spötter fragten, welcher Eisenbahner überhaupt noch an seinem vertraglichen und ihm liebgewordenen Arbeitsplatz sei.

Spätestens Mitte der siebziger Jahre schlitterte die DR in das Dilemma, nicht mehr ausreichend geeignete Mitarbeiter als Leiter zu finden. Das hatte mehrere Gründe:

1. Der Bedingungen gab es viele, ehe man Leiter einer Dienststelle werden konnte: je nach Größe der Dienststelle den Hoch- oder Fachschulabschluß (ausnahmsweise wurden Eisenbahner ohne solche Qualifikation eingesetzt), von einer bestimmten Dienststellengröße an Mitglied der SED, bei großen Dienststellen ein Jahr Besuch der Sonderschule der Politischen Verwaltung der DR in Hainichen (mit dem Status der Bezirksparteischule), keine Verwandten 1. Grades im NSW, auch keinen Kontakt mit anderen NSW-Bürgern. Überhaupt mußte er konform mit der Partei- und Staatsdoktrin gehen, einen „festen Klassenstandpunkt" haben.
2. Je besser Wochenend- und Schichtarbeit entlohnt wurde, desto schlechter waren die Leiter gegenüber Beschäftigten geringerer Qualifikation (z. B. Fahrdienstleiter, Rangiermeister) gestellt. Mit Leiterzulagen, einem Dienst-

rang über dem Plandienstrang und dementsprechendem Dienstranggehalt versuchte man, diese Differenz auszugleichen.
3. Die Wohnraumbewirtschaftung und die allgemeine Wohnungsverknappung ermöglichten es nur in seltenen Fällen, einem geeigneten Leiter und seiner Familie Wohnung am Dienstort anzubieten.
4. Da die Bahnmeistereien ihren Nachwuchs als Gleisbauarbeiter vorwiegend in den 6. und 7. Klasssen der Polytechnischen Oberschulen und nicht in den höheren Klassen suchten, stellte sich im Laufe der Zeit ein permanenter Mangel von Hoch- und Fachschulabsolventen und damit fehlender Nachwuchs als Technologe, Technischer Leiter und Leiter von Bahnmeistereien heraus, denn das Abitur war Voraussetzung für das Hochschulstudium, der Abschluß der 10. Klasse für das Fachschulstudium.
5. Ungeachtet aller Kaderentwicklungspläne machte sich alsbald auch ein Nachwuchsmangel für die Stellen als Amtsvorstand bzw. Leiter des Reichsbahnamtes, Vizepräsident und Präsident bemerkbar. In mehreren Fällen mußte zu Notlösungen gegriffen werden, besonders im Rbd-Bezirk Berlin. Hier beendete erst Präsident Löscher den Brauch, daß ein gescheiterter Dienststellenleiter allemal als Kontrolleur der Rbd etwas tauge.

Nur der Hauptdienstzweig des Sicherungs- und Fernmeldewesens klagte kaum über fehlenden Nachwuchs. Die Technik reizte viele Schulabgänger, sich um eine Lehrstelle zu bewerben.
6. Immer weniger junge Hochschulabsolventen waren bereit, sich zu politisieren und der Parteidoktrin unterzuordnen. Junge Hoch- und Fachschulabsolventen bevorzugten es, in Institute, Hauptabteilungen der Reichsbahndirektionen, in der (gut bezahlten) Berufsausbildung und ähnlichen „Schreibtischtätigkeiten“ unterzukommen, als sich in die Niederungen zu begeben. Mit den Eisenbahnern „vor Ort“ konfrontiert zu werden, war nicht immer angenehm, und die Verantwortung, ständig für die Besetzung der Dienstposten verantwortlich zu sein, wollte nicht jeder auf sich nehmen. Da es keine Grundsätze oder Laufbahnordnungen gab, konnte man die unbequemen Tätigkeiten gut umschiffen.

Demmler (später wurde er Präsident der Reichsbahndirektion Dresden) gehörte 1961 als Dienstvorsteher des Bahnhofs Eisenach zu den wenigen, die sich in der Zeitung anschaulich artikulierten: „Viele junge Fach- und Hochschulkader lehnen oftmals einen Einsatz auf der untersten Ebene ab und äußern die Meinung, für derartige Arbeit hätten sie kein Studium gebraucht. Sie wollen gleich in den Ämtern, Direktionen, Versuchsanstalten arbeiten und halten nur dort eine wissenschaftliche Arbeit für notwendig und möglich. Viele sind auch ehrlich und sagen, daß sie die Arbeit mit den Menschen auf den Dienststellen scheuen.“[31]

Angesichts des zunehmenden Verfalls der Anlagen wurde die Kritik der Ei-

---

31 Fahrt frei, Berlin, 18/1961, Seite 5

senbahner an den sozialen Bedingungen immer vernehmlicher, und der Leiter, besonders der einer nichttechnischen Dienststelle, saß zwischen den Stühlen. Einerseits mußte er die Beschwerden der ihm unterstehenden Eisenbahner als berechtigt anerkennen, andererseits führte er einen schier aussichtslosen Papierkrieg mit der überforderten Hochbaumeisterei oder mit dem Rat des Kreises, wenn es um die Zuweisung von Bilanzanteilen für Dachdecker- oder Installateurleistungen ging, die er dann doch nicht erhielt. Die Eisenbahn war zu unwichtig.

1987 schrieb ich nach der Recherche auf Dienststellen vom Typ E: „Menschenwürdige Toiletten, die Wasserversorgung und anderes, das in den dem Bahnhof benachbarten Betrieben längst Usus ist, bestimmen auch das Klima am Arbeitsplatz, locken oder verscheuchen die Bewerber. (...) Für solchen Standard der Arbeits-und Lebensbedingungen zu sorgen, ist der Leiter des Bahnhofs, sogar der des Amtes, oftmals überfordert.“[32]

Mitunter änderte sich auf „Arbeiter“-Kritiken „an der richtigen Stelle“ etwas, dafür wurden woanders die Reparaturen oder Erneuerungen zurückgestellt. Arbeiterfestspiele oder ähnliche politische Großveranstaltungen brachten wenigstens der einen oder anderen Dienststelle neue Toiletten oder den Anstrich eines Gebäudes. Sonst aber allenthalben Verfall, wie die Lokomotivschuppen in Ruhland, Senftenberg und Angermünde, die einbrechenden Bahnsteigdächer in Wilthen und Berlin-Friedrichshagen sowie regendurchlässige Güterböden.

Die Leiter, die an diesen Zuständen nichts änderten oder ändern konnten, wurden immer unglaubwürdiger. Auf dem Bahnhof Mixdorf (Strecke Cottbus–Frankfurt/Oder) wartete ein Rohbau auf die Installation eines elektromechanischen Stellwerks, damit ein zweites Stellwerk aufgelöst werden konnte. Immer wieder fragten die Eisenbahner den Präsidenten der Rbd Berlin, wann es denn mit der Montage weitergehe, da die Wärter des aufzulassenden Stellwerks altershalber ausschieden und Ersatz nicht in Sicht war. Der Präsident wußte keine Antwort, denn das Signal- und Fernmeldewerk wartete auf die Relais vom Werk für Signal- und Sicherungstechnik Berlin. Dort aber war man mit Exportverträgen und der Konsumgüterproduktion (Kaffeemaschinen, Wäscheklammern) eingedeckt, deren Planerfüllung von der SED-Bezirksleitung Berlin genau kontrolliert wurde, dafür blieb die Rationalisierung in Mixdorf unvollendet. Nur weil es zu kompliziert war, die Relais herzustellen, ging die DR nicht zur Produktion auch dieser Erzeugnisse über.

Im Juni 1978 hatte Pasewalk hohen Besuch. Harry Tisch, der FDGB-Vorsitzende, sah sich bei den Eisenbahnern um. Tisch müssen die Zustände im sozialen Umfeld erschreckt haben, was ihn nicht hinderte, allgemeine Reden über Wettbewerbsverpflichtungen und das Ansehen der DDR zu halten sowie zu noch mehr und besserer Arbeit („Mein Arbeitsplatz – ein Kampfplatz

---

32 Fahrt frei, Berlin, 13/1987, Seite 7

Pflicht oder Höhepunkt für jeden Leiter: die unzähligen Aktivtagungen und Kampfberatungen. Im Präsidium der Proporz vom Funktionär des SED-Zentralkomitees bis zur „einfachen" Eisenbahnerin (rechts). Aufgestützt Karl Hetz, Präsident der Rbd Halle. Neben ihm der Politleiter der Rbd Erfurt.

für den Frieden") zu ermuntern. Ein Protokoll wurde verfaßt, und im August fuhren K., der Vorsitzende des Zentralvorstandes der Industriegewerkschaft Transport und Nachrichtenwesen, und Dr. Sch., der 1. Stellvertreter des DR-Generaldirektors, nach Pasewalk, um nach dem rechten zu sehen. Viel war nicht besser geworden. Wie üblich hieß es: „In der Zeit der Ausbeutung wurde auf soziale Einrichtungen wenig Wert gelegt." „Nicht alles kann von heute auf morgen geschafft werden." „Stufenweise ..." „Unter Mithilfe der Eisenbahner ..." Was die Eisenbahner des Bahnbetriebswerks selbst zu erledigen hatten, waren die Reparatur des Lokschuppendaches, die Verbesserung der Heizung und Verbesserungen im Bereich der Umkleideräume.

Ein Mittel, die zu kurze Decke der Instandhaltungskapazitäten zu strecken, waren die Handwerkerbrigaden, die auf den Bahnhöfen aus vorhandenem Personal zu bilden waren. Dafür wurden Wettbewerbsbeschlüsse gefaßt, viel Mühe und Zeit verwendet. Die Deckung der Kosten und die Materialbeschaffung waren unklar, zumal die meisten Dinge nicht „aus dem Bevölkerungsbedarf" (aus den Geschäften) beschafft werden durften und die Beschaffungsstellen der Direktionen auch nur den Mangel verwalteten.

Die Leiter mußten zusehen, wie die Pflege der Anlagen vernachlässigt oder ganz unterlassen wurde, wie sich die Unregelmäßigkeiten im Betriebs- und Verkehrsdienst häuften. In der Zeitung „Fahrt frei" füllten sich die Spalten mit Briefen und Aufsätzen über fehlende Zugschlußlampen, schmutzige Wagen und Fenster, unhöfliche Eisenbahner, Differenzwagen (Wagen ohne Begleitpapiere), Fehlleitungen von Gepäck und Expreßgut, Schlendrian auf den Güterböden.

Eigentlich mußte es, wie man heute sagt, überall hochmotivierte Eisnbahner geben, denn die "Brigaden der sozialistischen Arbeit" oder die „Kollektive der sozialistischen Arbeit" waren hundertfach. 1959 wurde auf dem Güterbahnhof Halle die erste „Brigade der sozialistischen Arbeit" gekürt, also jenes Kollektiv, dessen Mitglieder nachgewiesen hatten, daß sie „sozialistisch arbeiteten, lernten und lebten". Zehn Jahre später gab es 10 000 solcher Kollektive mit 160 000 Mitgliedern, und die „Fahrt frei" berichtete: „Sie (die Urkunde – E. P.) ist ein Meilenstein im besten Sinne des Wortes auf unserem Weg zur sozialistischen Menschengemeinschaft."

Appelle zur Planerfüllung nahmen die meisten Eisenbahner kaum zur Kenntnis. Offene Briefe, Verpflichtungen und „Abrechnungen" an den „Hochverehrten Genossen Generalsekretär Erich Honecker" (nicht unter zehn A-4-Seiten), eine Aktivtagung der Partei oder der Gewerkschaft, eine Kampfberatung jagte die andere, änderten nichts und bedeuteten nur Vergeudung von Arbeitszeit. Mitunter mußten sich die Parteifunktionäre in aller Öffentlichkeit eingestehen, daß ihre Methoden versagten. In der politischen Führungstätigkeit sei bereits ein erheblicher Erfahrungsgewinn erzielt worden, der der Planerfüllung zugute kam, hatte Sch., Stellvertreter des Leiters der Politischen Verwaltung der DR, zum ... Ausbau und der Stabilisierung des Gleisnetzes zu sagen[33], dann aber: „Auch die Arbeit mit Führungsbeispielen als eine bewährte Methode der Parteiarbeit wurde nach der Parteiaktivtagung im Januar 1988 forciert, aber die Verbreitung geht noch zu langsam voran."

Der Formalismus trieb seine Blüten. K., Leiter der Signal- und Fernmeldemeisterei Löbau (Sachs): „Wir verlangen beispielsweise, daß jedes Kollektiv acht bis zwölf derartige ökonomische und nutzenausweisende Verpflichtungen eingeht." Auf die Zahl kam es an. Und so schuf die Rationalisierungsmittelwerkstatt Cottbus die Voraussetzungen, freigesetzte Halbschrankenanlagen wieder zu nutzen, Lichtsignale erneut aufzubauen. „Die Erdarbeiten übernimmt in den meisten Fällen der Hauptdienstzweig des Betriebs- und Verkehrsdienstes", hieß es in einer solchen Verpflichtung. Gerade diesem Hauptdienstzweig fehlten aber die meisten Eisenbahner. Wenn ein Leiter einen Schrankenposten auflösen wollte, mußte vorher sein Personal die Tiefbauarbeiten für die Kabelverlegung übernehmen.

Niemand war in der Lage, unter den sozialistischen Bedingungen normale Arbeitsverhältnisse zu schaffen. Deshalb mußten Führungsbeispiele, Beispiellösungen her, und jeder Leiter geriet in Mißkredit, wurde er nicht zum glühenden Verfechter solcher „Initiativen". Mancher redete über Dinge schon deswegen wenig überzeugend, weil er sie entweder nicht verstand oder insgeheim mißbilligte.

---

33 Arbeitsberatung der Politischen Verwaltung der DR zur Umsetzung der Beschlüsse der 7. Tagung des Zentralkomitees der SED, in: „Fahrt frei" 1/1989

6 KATASTROPHALE ACHTZIGER JAHRE?

Bemerkungen zur Betriebssicherheit bei der DR

Wer in den Jahren 1980 bis 1989 in der DDR eine Zeitung las, konnte meinen, die DR durchlebe katastrophale Zeiten. Denn in regelmäßigen Abständen berichteten die Medien von Zugunfällen mit Toten und Verletzten und/oder Streckensperrungen.

- 13. Juni 1981: Zusammenstoß der Güterzüge 57442 und 66404 bei Saalfeld – Irrtum beim Zugmeldeverfahren
- 6. Juli 1982 Entgleisung des D 523 bei Waren (Müritz) – überhöhte Geschwindigkeit auf einer Langsamfahrstelle
- 29. September 1982 Zusammenstoß des P 3931 mit einer Lokomotive auf Bahnhof Senftenberg – unterlassene Fahrwegprüfung
- 6. Oktober 1982 Zusammenstoß der Güterzüge 44823 und 44838 bei Dietrichsberg – Irrtum beim Zugmeldeverfahren
- 31. Oktober 1982 Zusammenstoß des Güterzuges 55143 mit Ps 11485 nahe Bahnhof Genshagener Heide – Unaufmerksamkeit des Güterzug-Lokomotivführers beim Permissiven Fahren[34] nach Ausfahrt auf Ersatzsignal
- 23. April 1983 Zusammenprall einer Lokomotive mit einem Autobus in Neuwiederitzsch – vorzeitiges Öffnen der Schranke
- 4. Juli 1983 Zusammenstoß zweier Güterzüge auf Bahnhof Bad Köstritz – Lokomotivführer beachtete haltzeigendes Signal nicht
- 7. Juli 1983 Zusammenstoß (Flankenfahrt) eines Personenzuges mit D 571 an der Abzweigstelle Glasower Damm (Berliner Außenring) – Nichtbeachtung eines Haltsignal
- September 1983 Zusammenstoß eines Güterzuges mit P 16804 bei Görlitz – vermutlich Fahrdienstfehler
- 25. November 1983 Zusammenstoß abrollender Wagen mit P 16726 bei Gruna – ungesichertes Abstellen von Fahrzeugen

34 Fahren auf Sicht auf Strecken mit automatischem Streckenblock

Flankenfahrt in Riesa (6. Dezember 1988) **Foto: ZB/Hiekel**

- Dezember 1983 Entgleisung eines Leergüterzuges bei Krensitz – Gleisverwerfung
- 23. Februar 1984 Zusammenstoß zweier Güterzüge bei Saarmund – Vorbeifahrt an einem Haltsignal
- 29. Februar 1984 Zusammenstoß des D 354 mit P 7523 auf Bahnhof Hohenthurm – Haltsignal nicht beachtet
- 11. Oktober 1985 Zusammenstoß eines Personenzuges mit einzeln fahrender Lokomotive bei Eilsleben – Mängel im Zugmeldeverfahren
- 23. November 1985 Zusammenstoß der Züge 74592 und 68563 bei Neubrandenburg – Mängel in der Verständigung Fahrdienstleiter/Zugbegleiter
- 13. März 1986 Entgleisung eines Güterzuges bei Leißling – Radscheibenbruch
- 19. März 1986 Zusammenstoß des Güterzuges 58907 mit einer Lokomotive auf Bahnhof Glauchau – unterlassene Fahrwegprüfung
- 8. April 1986 Zusammenprall des Leergüterzuges 59745 mit einem Autobus bei Lauchhammer – Überwachungssignal vom Lokomotivführer nicht beachtet
- 15. Mai 1986 Zusammenstoß der Güterzüge 43461 und 89741 auf Bahnhof Schwarzkollm – Vorbeifahrt am Haltsignal
- 24. September 1986 Entgleisung eines Güterzuges bei Satzkorn – technischer Mangel am Fahrzeug

- November 1986 Zusammenstoß zweier Güterzüge bei Blankenberg (Meckl) – Lokomotivführer eingeschlafen, Haltsignal nicht beachtet
- Januar 1987 Entgleisung eines Güterzuges auf Bahnhof Neupetershain – Schienenbruch
- 27. Juni 1987 Entgleisung eines Güterzuges auf Bahnhof Dannenwalde – Achsschenkelbruch
- 24. Juli 1987 Entgleisung des Güterzuges 40860 bei Ducherow – Fahrzeugdefekt
- August 1987 Zusammenstoß des P 19309 mit einer Lokomotive bei Gadebusch – Fahrdienstfehler
- 6. Oktober 1987 Entgleisung eines Güterzuges bei Schwaan – Fahrzeugdefekt
- 19. Januar 1988 Zusammenprall D 716 mit einem sowjetischen Panzer in Forst Zinna – Verstoß des Panzerfahrers
- 15. Februar 1988 Zusammenstoß zweier Personenzüge auf Bahnhof Eichgestell – unterlassene Fahrwegprüfung.
- 26. April 1988 Zusammenstoß der D 715 und D 502 bei Ferdinandshof – Vorbeifahrt am haltzeigenden Signal
- 14. August 1988 Zusammenstoß einer Lokomotivfahrt mit einem Güterzug bei Saaten-Neuendorf – Vorbeifahrt am haltzeigenden Signal.

Die Mißachtung eines haltzeigenden Signals vor dem Bahnhof Flughafen Berlin-Schönefeld führte zur Auffahrt eines Postzugs auf einen haltenden Güterzug (28. Februar 1989). Foto: ZB/Settnik

Wieder ein haltzeigendes Signal nicht beachtet! Zusammenstoß in Schwarzkollm (16. Mai 1987). Foto: ZB/Weisflog

Reste eines Unfalls infolge Achsschenkelbruchs bei Nassenheide (Februar 1986) Foto: Reimer

Achsschenkelbruch an einem Güterwagen führte in Dannenwalde zur Entgleisung eines Erzzugs, wobei 16 Wagen umstürzten. Eisenbahner, Angehörige der Zivilverteidigung und der Nationalen Volksarmee räumen auf (28. Juni 1987). Foto: ZB/ Mittelstädt

Diese Aufzählung enthält jene Unfälle mit erheblichen Personen- und Sachschäden sowie mit nachfolgenden Streckensperrungen größeren Ausmaßes, die den DDR-Bürgern aus Zeitungen bekannt geworden waren. Einige Zuggefährdungen[35], die öffentlich nicht bekannt wurden, und schwere Zugunfälle hätten sich vermeiden lassen, wenn der Zug nach der Vorbeifahrt am haltzeigenden Signal zwangsweise zum Halten gebracht worden wäre, wie es Sinn der Zugbeeinflussungseinrichtungen ist. Erst als sich solche Ereignisse häuften, namentlich auf dem Berliner Außenring, der aus Strecken mit sehr dichter Zugfolge bestand, und Minister Arndt sowie der Leiter der Politischen Verwaltung der DR Grohmann beim Wirtschaftssekretär Mittag im Politbüro der SED „Rechenschaft legen" mußten, wurden einige Mittel für die DR freigegeben. Der Ministerrat wurde angewiesen, der DR Einrichtungen der induktiven Zugbeeinflussung bereitzustellen. Obwohl es in der DDR ständig an Betrieben mangelte, die Tiefbauleistungen übernahmen, und bei schleppenden Lieferungen der Industrie, erhielten die wichtigsten Strecken diese segensreiche Einrichtung. Sie fehlte aber an vielen Lokomotiven und Triebwagen, so daß die Fahrzeugeinrichtungen mehrfach aus- und an anderen Lokomotiven eingebaut sowie Lokomotiven umstationiert werden mußten. Von etwa 1976 an waren alle neugebauten Lokomotiven mit der Indusi bzw. der des Typs „PZ 80" vom Hersteller ausgerüstet.

Der schwere Unfall vom 26. April 1988 bei Ferdinandshof, Strecke Berlin–Stralsund, war symptomatisch für die Zustände bei der DR. Der Abschnitt Ferdinandshof–Ducherow wurde elektrifiziert, weshalb nur auf dem Streckengleis der Fahrtrichtung Stralsund–Berlin Zugverkehr möglich war. Für die Gegenrichtung bestand „zeitweise eingleisiger Behelfsbetrieb", d. h., die Züge fuhren auf Ersatzsignal an den haltzeigenden Signalen vorbei.

Zunächst fuhr D 715 Binz–Leipzig in den Streckenabschnitt, zu gleicher Zeit hätte D 502 Saalfeld–Stralsund in nördliche Richtung fahren müssen, mußte aber in Ferdinandshof auf den D 715 warten, das Ausfahrsignal zeigte „Halt". Trotzdem fuhr der Lokomotivführer an ihm vorbei, was E., Stellvertreter des Generaldirektors der DR, zu der Bemerkung veranlaßte: „Er war im Moment der Vorbeifahrt am Signal unaufmerksam, und bis heute ist nicht genau zu erklären, warum. Ein Moment der Pflichtverletzung verursachte diesen schweren Unfall. Die leitungsmäßige Schlußfolgerung muß sein, daß an Lokführer besondere Anforderungen zu stellen sind, sie müssen für ihren Beruf neben hohen fachlichen Kenntnissen auch menschliche Qualitäten mitbringen."[36] Die besaß der knapp 60jährige Lokomotivführer zweifellos. Abgesehen von der damals üblichen Bewertung seiner „gesellschaftlichen Aktivitäten" ist festzustellen, daß er 45 Jahre Eisenbahner war, davon 36 Jahre Lokomotivführer. Der Unfall ereignete sich um 13.45 Uhr. Am Vortag hatte der Lokomotivführer

35 Dazu gehört die unzulässige Vorbeifahrt am haltzeigenden Signal, ohne daß es zu einem Unfall kam.
36 Fahrt frei, Berlin, 9/1988

um 13.30 Uhr den Dienst begonnen, den D 717 nach Berlin gefahren, D 716 zurück bis Prenzlau. Hier übernachtete er und übernahm um 6.30 Uhr den Dienst, fuhr D 713 nach Berlin, wo er den Unglückszug bespannte. Bis zum Zusammenstoß war er sieben Stunden im Dienst, die Nachtruhe wurde als ausreichend angesehen.

Als er sich dem Bahnhof Ferdinandshof näherte, blätterte er im „Verzeichnis der Langsamfahrstellen", weil er offenbar sich nicht im klaren war, ob an diesem Tag für seinen Zug etwas vorlag. Dieses wöchentlich in jedem Reichsbahndirektionsbezirk herausgegebene Verzeichnis war durch die Vielzahl von Langsamfahr- und Baustellen und durch die Elektrifizierung sehr unübersichtlich, worüber sich die Lokomotivführer stets beklagten. Zusätzlich zum Verzeichnis mußten viele Berichtigungen und Fernschreiben beachtet werden – sicher fühlte sich von den Lokomotivführern mit dieser für sie so wichtigen Unterlage kaum jemand, zumal obendrein die Signalisierung der Langsamfahrstellen zu wünschen übrig ließ. Während er also blätterte, suchte und verglich, fuhr er am haltzeigenden Ausfahrsignal vorbei. Keine Indusi hielt ihn an, denn die gab es auf der Strecke nicht, über keinen Zugfunk konnte er auf den Fehler aufmerksam gemacht werden, denn der sollte drei Tage später in Betrieb gehen! E. waren diese Unzulänglichkeiten bekannt. Sie aber als Unfallursache darzustellen, wäre ihm nicht in den Sinn gekommen, erst recht nicht in der Öffentlichkeit. Immer beruft man sich auf die Pflichtverletzung des Eisenbahners, das ist in jeder Gesellschaftsordnung so.

Während die DB sämtliche Hauptbahnen mit den Einrichtungen der induktiven Zugbeeinflussung (einige sogar mit Linienzugbeeinflussung für Geschwindigkeiten von mehr als 160 km/h) sowie die meisten Nebenbahnen damit ausgerüstet hat und keine Lokomotiven und Triebwagen ohne die entsprechende Einrichtung zuläßt, waren es bei der DR 1992 im Kernnetz (von rund 14 000 km Gesamtnetz) erst 2 000 km Strecke. Bis 1993 sollen 1 200 km hinzukommen, und erst 1996 werden alle Hauptbahnen Indusi haben.

Ein Bericht des Jahres 1992 listet deutlich die Versäumnisse der DDR-Vergangenheit auf. Die Defizite im Streckennetz zur DB und damit zum europäischen Standard:
- Zugbeeinflussungseinrichtungen DB 90 Prozent, DR 12 Prozent;
- Selbstblock DB 55 Prozent, DR 4,5 Prozent;
- Zugfunk DB 60 Prozent, DR 22 Prozent.

Bei 86 Prozent der mechanischen Stellwerke war die Nutzungsdauer von 30 Jahren überschritten, bei 66 Prozent der elektromechanischen Stellwerke, bei 11 Prozent der Gleisbildstellwerke! Mehr als 1 Milliarde DM sind notwendig, so wurde geschätzt, um „die Verfügbarkeit der Sicherungsanlagen" zu erhalten. Angesichts solcher ernüchtender Feststellungen erweisen sich die Maßnahmen der achtziger Jahre wie ein Tropfen auf den heißen Stein, obwohl auch sie viel Nervenkraft kosteten.

In den Zeitungsberichten über Eisenbahnunfälle herrschte und herrscht meist Oberflächlichkeit; kaum ist der Leser in der Lage, in die Zusammenhänge von solchen Katastrophen einzudringen, erst recht nicht wird gründlich Bilanz über Soll und Haben technischer und organisatorischer Vorbeugung gezogen. Umsomehr überrascht es, daß in der gleichgeschalteten Presse der DDR gerade in den achtziger Jahren häufig über Eisenbahnunfälle bei der DR berichtet wurde. Freilich, genauso oberflächlich wie in westlichen Blättern. Hinzu kam aber ein gewisses Pathos vom heldenhaften Einsatz der Werktätigen, besonders aber der Nationalen Volksarmee, der Deutschen Volkspolizei und der sowjetischen Armee, wenn es um die Aufräumung an der Unfallstelle ging. Bilder und Berichte vom Besuch der DDR-Honorationen am Krankenbett der Verletzten gehörten ebenfalls dazu, solche Berichte waren ausführlicher als die vom Hergang oder gar über die Ursache des Unfalls. Die „erdenkliche Hilfe von Partei und Regierung“ für ihre Bürger sollte gebührend herausgestellt werden.

Vor den achtziger Jahren erfuhren die DDR-Bürger nur dann von Eisenbahnunfällen, wenn sich Aufsehen nicht vermeiden ließ. Das ist ein Prinzip, an das sich übrigens jede Bahnverwaltung hält. In der DDR ging es aber zusätzlich darum, dem „Gegner“ nicht „das Futter zu liefern“. Als die westlichen Fernseh- und Rundfunkanstalten akkreditiert waren und man fürchtete, diese könnten sich dieses Themas allein bemächtigen und die DDR-Bürger mit Nachrichten versorgen, wurden die Möglichkeiten der DDR-Journalisten erweitert, über solches Negativ-Thema zu berichten.[37] Der Spekulation, über Unfälle auf den Zustand des Eisenbahnwesens zu schließen, war durch Geheimnistuerei Tür und Tor geöffnet. Wenn im Westen von einer Eisenbahnkatastrophe mit rund 500 Toten bei Zwickau berichtet wurde, dann kann es nur um die gehen, zu der am 14. Juli 1950 das „Neue Deutschland“ von einem „Schweren Eisenbahnunglück in Sachsen“ berichtete. In den Abendstunden des 12. Juli waren 20 Personen getötet und über 50 verletzt worden, weil ein Personenzug auf einen stehenden Güterzug aufgefahren war. Der Stellwerkswärter wäre verhaftet worden, hieß es, und das Ergebnis der Untersuchung werde öffentlich bekanntgegeben. Vom genauen Ablauf und Ort dieser Katastrophe erfuhren die Leser nichts. Aber daß am 29. Juli 1950 der Ministerrat getagt habe, um einen Bericht von Verkehrsminister Reingruber entgegenzunehmen. Zwei Eisenbahnangestellte hätten durch grobe Verletzung der Dienstpflicht den Unfall verursacht. Beide säßen in Haft, der Bahnhofsvorsteher (richtig: die Aufsicht – E. P.) sei wegen Verletzung seiner Aufsichtspflicht sofort seines Amtes enthoben worden.

Immerhin erfuhr man aus der Zeitung, daß die Regierung die Reichsbahn angewiesen habe, Maßnahmen

– zur Beschleunigung des erforderlichen Aufbaus der Bahnhofsanlage und

---

37 Erstmals beim Unfall von Lebus am 27. Juni 1977 durften West-Journalisten, von ARD und ZDF, unmittelbar vom Unfallort berichten –„abgesichert“ von Z., Abteilungsleiter Parteiorgane der Politischen Verwaltung der DR.

– zur Verbesserung der Verkehrsverhältnisse auf der Strecke Aue–Johanngeorgenstadt (tatsächlich ereignete sich der Zusammenstoß zwischen Wilkau-Haßlau und Hartenstein) einzuleiten.

Daß derartige Berichte so spärlich und wenig aufschlußreich blieben, lag an der SED-Parteidoktrin, nach der sich die sozialistische Gesellschaftsordnung überlegen zu zeigen habe und die Grundlagen für Kriminalität entzogen seien. Während aus der Sowjetunion nur sehr schwammige Nachrichten über Katastrophen kamen („es gab Tote und Verletzte"), berichteten die Medien der DDR seit Ende der sechziger Jahre regelmäßig, von drei Todesopfern an kam die Nachricht im „Neuen Deutschland" auf Seite 1, sie enthielt immer wenig über den Hergang, kaum etwas zur Ursache, war aber sachlich zu den Folgen.

In den fünfziger und sechziger Jahren hatte bei Unfällen meist der „Klassenfeind" seine Hand im Spiel. Der pflichtvergessene Eisenbahner war RIAS-Hörer, was ihn sofort kriminalisierte und das Strafmaß erhöhte. Vor einer Aufzählung von Unfällen und der Schuldigen bei vollständiger Namensnennung in den „Verfügungen und Mitteilungen des Ministeriums für Eisenbahnwesen" vom 4. März 1954 hieß es: „Der Klassengegner versucht, den reibungslosen Betriebsablauf der Eisenbahn zu stören, ist an einer hohen Zahl von Bahnbetriebsunfällen interessiert und verstärkt seine Propaganda- und Sabotagetätigkeit."

Eine solche, politische Einstellung zur Fehlbarkeit des Menschen bewahrte das Bezirksgericht Leipzig nicht davor, das Verschulden zweier Eisenbahner des Bahnhofs Leipzig Hbf am Unfall 1960 [38] als vorsätzlich einzustufen, was alsbald vom Obersten Gericht der DDR korrigiert wurde.

In den siebziger und erst recht in den achtziger Jahren lockerte sich die Einstellung zur Fehlbarkeit des Menschen, und ich war Augenzeuge vieler Gerichtsverhandlungen, wo Eisenbahner angeklagt waren, denen man keine politischen Vorwürfe machte. Nach draußen sollte aber, wenn die zum Unfall führenden Umstände mißlich waren und der Bürger auf Systemmängel hätte schließen können, wenig davon dringen. Das liegt auch im Interesse der westlichen Bahnverwaltungen mit dem Unterschied, daß sich in ihren Bereichen Journalisten (bis auf die hauseigenen) kaum vorschreiben ließen, worüber sie berichten sollen und dürfen. Die DDR-Journalisten fügten sich und hielten sich an die offizielle Lesart. Ich habe in Prozessen mehrmals beobachtet, wie sie sich nach kurzem Aufenthalt im Gerichtssaal vom Staatsanwalt die Sätze diktieren ließen. Zu keiner Zeit ist in der DDR-Presse bis 1989 eine Analyse oder ein sachkundiger Aufsatz über Eisenbahnunfälle oder die Bedingungen zu finden, unter denen die DR-Eisenbahner ihren Dienst verrichteten. Die Wahrheit wäre bitter gewesen.

---

38 Detailliert beschrieben in Preuß: Eisenbahnunfälle in Europa, Berlin 1991

Tabelle 8
Übersicht über die Unfälle und Zuggefährdungen bei der DR von 1980 bis 1990

	Zug-unfälle	Zuggefähr-dungen	Rangier-unfälle	Entgl. und Zusammen-stöße je Mio Zugkm bei DR	bei DB
1980	380	679	4 042	1,34	0,17
1981	373	656	4 174	1,37	0,20
1982	318	677	4 018	1,17	0,13
1983	245	655	3 566	0,90	0,12
1984	223	617	3 448	0,82	0,12
1985	222	581	3 256	0,81	0,12
1986	220	530	2 993	0,79	0,11
1987	214	485	2 993	0,77	0,15
1988	182	441	2 872	0,77	0,12
1989	186	367	2 541	0,66	0,18
1990	150	267	1 926	0,59	0,20

Das von den Medien erzeugte Bild der achtziger Jahre trog: Denn seit 1980 sanken kontinuierlich die Unfallzahlen, auch bzw. erst recht im Verhältnis zu den Zugkilometern. Der Vergleich mit der DB mag sehr zuungunsten der DR ausfallen (Tabelle 8). Er ist an sich nicht möglich, weil die Bahnbetriebsunfallvorschriften die Ereignisse unterschiedlich bewerteten. Die DR erfaßte seit 1969 offen gebliebene oder verspätet geschlossene Schranken – Schnellbremsung genügte – als Zuggefährdung und damit als Ereignis 2. Grades im Zugbetrieb!

Nach einer von der Hochschule für Verkehrswesen „Friedrich List" Dresden angestellten Untersuchung der Eisenbahnunfälle bei der DB und der DR in den Jahren 1979 bis 1987 kam man zu dem Schluß, daß, bezogen auf die Zugkilometer, bei DB und DR sich wegen Fehlhandlungen die gleiche Zahl von Bahnbetriebsunfällen ereignete. Mit der Ursache technischer Mangel hatte die DR aber das Fünffache gegenüber der DB zu vertreten, besonders wegen der Häufung von Entgleisungen infolge Radbrüchen und ähnlichen Gebrechen an den Güterwagen.

Die Bemühungen vieler Eisenbahner um einen sicheren Eisenbahnbetrieb hatten ihre Früchte getragen. Bei der DR gab es ein System von Sicherheitsaktiven, Unfallauswertungen, Schulungen, das immer dann an die Grenzen stieß, wenn personelle Konsequenzen notwendig waren. Lokomotivführer, die unter den Eisenbahnern das größte Sozialprestige genossen, hatten drakonische Maßnahmen zu gewärtigen, wenn sie unzulässig am haltzeigenden Signal vorbeifuhren.

Manche Vorkehrung zur Besserung von Ordnung, Disziplin und Sicherheit wirkte überzogen, wie das sture Festhalten an Qualitätskontrollverfahren, obwohl es an den Voraussetzungen für sie mangelte, die Offenen Briefe, die Kontrollen von Dienstposten rund um die Uhr, am wenigsten überzeugten die angeordneten Belehrungen mit unterschriftlichem Nachweis, daß auch wirklich das haltzeigende Signal zu beachten und der Fahrweg zu prüfen ist. Doch begrenzt waren die technischen Möglichkeiten, mit Investitionen die Anforderungen an die Sicherheit zu unterstützen. Nicht was notwendig war, wurde getan, sondern was vom Ministerrat zugewiesen wurde. Dort wurden die Prioritäten gesetzt. Was an Investitionen tröpfelte, mußte für Kapazitätserweiterungen eingesetzt werden.

Ende der fünfziger Jahre war es Mode geworden, alle kritikwürdigen Erscheinungen ideologisch verbrämt den Widersprüchen zuzuordnen. Mit ungewöhnlicher Offenheit referierte Robert Menzel, Leiter der Politischen Verwaltung der DR, Ende 1958 vor Genossen, und die „Fahrt frei" veröffentlichte Auszüge: „Und doch besteht zwischen der hohen Beladeleistung nach Tonnen und der Qualität der Arbeit noch vielfach ein großer Widerspruch. (...) Ein weiterer Widerspruch besteht zwischen den heroischen Anstrengungen aller Eisenbahner, um alle Anforderungen der Wirtschaft zu erfüllen und dem Abweichen von den Dienstvorschriften, das zu einer solch hohen Zahl von Unfällen, Wagen- und Ladegutbeschädigungen (...) geführt hat."[39]

Die Ursachen für diese Widersprüche, von Menzel formuliert, verblüfften:
- Versagen der Politischen Abteilung und der Parteiorgane.
- Zersplitterung der Kräfte von Partei, Gewerkschaft und Verwaltung.
- Eine Reihe leitender Kader sowohl in Reichsbahndirektionen, Ämtern als auch im Ministerium für Verkehrswesen sei selbst undiszipliniert und gleichgültig geworden.

„Die Zeit des Liberalismus und Versöhnlertums in den Fragen der Ordnung und Disziplin muß endgültig vorbei sein!" hieß es noch. Die Politische Verwaltung forderte den Minister zur Überprüfung der Kaderarbeit auf.

Wenn Ende der siebziger Jahre die technischen Sicherheitsfragen sachlicher betrachtet wurden, durfte der Partei als Ganzes oder der Politischen Verwaltung als Institution kein Versagen mehr vorgeworfen werden, genausowenig durfte man offen Investitionen für die Sicherheit fordern. Erster Punkt einer jeden Analyse hatte stets zu lauten: „Die politisch-ideologische Arbeit mit den Eisenbahnern ist zu verbessern." Das lenkte am besten von den wirklichen Ursachen ab und davon, daß die technischen Vorkehrungen gegen Unfälle rückständig waren oder gar fehlten.

In den Diskussionen zum Unfall bei Lebus[40] wurden einseitig die Pflichtver-

---

39 Fahrt frei, Berlin, 50/1958

40 Nahe Lebus waren D 1918 und Dg 50101 zusammengestoßen, weil ein Weichenwärter des Bahnhofs Booßen eine handbediente Weiche zum falschen Streckengleis gestellt hatte. Das Ausfahrsignal ließ sich trotzdem auf Fahrt stellen, weil es an entsprechenden Sicherungseinrichtungen (auf einer Hauptbahn!) mangelte.

Schienenbruch in einer Weiche, und ein Kohlenzug entgleist mit 17 Wagen an der Abzweigstelle Sornower Buden, Strecke Cottbus–Senftenberg (3. Januar 1987). **Foto: ZB/Wawro**

letzungen des Weichenwärters betont, kaum war von der fehlenden Signalabhängigkeit auf dem Bahnhof Booßen die Rede. Die menschliche Fehlbarkeit zu kalkulieren und technische Vorkehrungen vorzusehen, hätten bedeutet, in der DDR-Volkswirtschaft anders zu wichten, den enormen Überbau für die Industrie und auch für die Eisenbahn zu nutzen. Vor allem aber einen technischen Standard einzusetzen, wie er zu Vorkriegszeiten bereits bestanden hatte.

In den achtziger Jahren rückten die Nebenbahnen in den Blickpunkt, weil es auf ihnen zu schweren Unfällen kam. Während der Gerichtsverhandlung zum – bereits in der Aufzählung genannten – Unfall in Gruna wurde deutlich, wie wenig effizient und ausgedünnt die Betriebskontrolleure waren, die sich nur noch auf die Personalschwierigkeiten der großen Rangierbahnhöfe zu konzentrieren hatten, selbst wochenlang als Fahrdienstleiter, Block- oder Schrankenwärter einsprangen und die Eisenbahner der kleineren Bahnhöfe sowie auf Nebenbahnen kaum noch anleiten konnten.

Am 3. August 1987 blieb zwischen Gadebusch und Rehna ein Personenzug wegen Lokomotivschadens auf freier Strecke liegen. Eine Ersatzlokomotive wurde bestellt, und die stieß mit dem Zug zusammen. 16 Verletzte, darunter vier Schwerverletzte, waren zu beklagen.

Wolfram N., der 32jährige Fahrdienstleiter, wurde angeklagt, weil er die Hilfslok in das Streckengleis geschickt hatte, ohne genau zu wissen, wo der liegengebliebene Zug sich befand. Der war aber inzwischen weitergefahren und stieß mit der Lokomotive zusammen. Die Verhandlung vor dem Kreisgericht Gadebusch demonstrierte, welch unfähiger und disziplinloser Eisenbahner als Fahrdienstleiter eingesetzt worden war, den man bereits auf den Vordienststellen als schlampig beurteilt hatte.

Im Rbd-Bezirk Schwerin wurden nach dem Unfall sämtliche Fahrdienstleiter (nach den Personalakten) auf ihre Eignung geprüft. Mit dem niederschmetternden Ergebnis: 60 hätten sofort von ihrem Arbeitsplatz zurückgezogen werden müssen. Aber woher sollte der Ersatz kommen?[41] In der „Fahrt frei" wurde, zumindest seit 1980, offen und gründlich von Gerichtsverhandlungen geschrieben. Der Berichterstatter mußte sich nur hüten, zu sehr zu verallgemeinern. F., die Präsidentin der Reichsbahndirektion Schwerin, zeigte sich von diesem Gerichtsbericht ebenfalls erschüttert.[42] Nur reichte die Betroffenheit nicht, darüber nachzudenken, wo das „sozialistische Eisenbahnwesen" angekommen war, sondern zum Ausruf: „Wie man so etwas in die Zeitung bringen kann!"

Dabei waren es keineswegs immer gedankenlose, unqualifizierte Eisenbahner, die gegen die Vorschriften verstießen und sich schuldig machten. Im Gerichtssaal konnte ich mich, bis auf Ausnahmen, von pflichtbewußten, tüchtigen und aufopferungsvollen Eisenbahnern überzeugen, die, um es ironisch zu sagen, lediglich das Privileg besaßen, auch einmal etwas falsch zu machen oder sich zu irren.

Daneben standen sogenannte Eisenbahner, denen Qualifikation und Verantwortungsgefühl für die Tätigkeit im Eisenbahnbetrieb fehlten. Über sie habe ich in den Abschnitten 5. und 8. geschrieben.

Nach dem schweren Eisenbahnunfall in Langhagen am 3. November 1964 beschloß der Ministerrat, schnellstens die hölzernen Schnellzugwagen auszumustern und das Fensterglas sämtlicher DR-Reisezugwagen durch Sicherheitsglas zu ersetzen. Nach zehn Jahren war dieser Beschluß wegen unzureichender Lieferungen der Industrie noch immer nicht erfüllt! Es wurde weiter nur einfaches Fensterglas bereitgestellt.

Ständiges Ärgernis waren die „rotausgeleuchteten" Gleise. Sobald auf isolierten Streckenabschnitten der elektrische Widerstand der Gleisbettung unter einen bestimmten Wert sank, wurde es auf dem Gleisbildtisch des Stellwerks als besetzt gemeldet, das Gleisband leuchtete rot. Dem Fahrdienstleiter war es nicht möglich, regulär Züge auf Signalbedienung fahren zu lassen.

---

41 Zwischen Weißenfels und Eisenach hatte man ebenfalls die Fahrdienstleiter mit sogenannten „Bewußtseinsanalysen" überprüft. Vordergründig ging es nicht um die Betriebssicherheit, sondern um die Sicherheit der Transitzüge.

42 „Die – scheinbare – Gewißheit", in: Fahrt frei, Berlin, 20/1987

Die „Taigatrommel“: Diesellokomotive für Güterzüge, 120 096 in Lübbenau (Spreew) (1973)

Den Verbrennungstriebwagen der Bauart „Köln“ blieben nach den Einsätzen von Berlin nach Prag, Wien, Warschau, Budapest, Karlovy Vary (Karlsbad) und Kopenhagen die Züge im Binnenverkehr als Ext 163/162 Berlin–Leipzig–Berlin und bis 1976 als Dt 587/580 Berlin–Bautzen–Berlin. Zwischen Königswartha und Abzweigstelle Stiebitz (bei Bautzen) fuhren sie mit maximal 50 km/h über Nebenbahnen und von Bautzen aus als Personenzüge nach Wilthen bzw. Bischofswerda. Dt 580 Bautzen–Berlin in Lübbenau (Spreew) (Juli 1975).
Fotos: Erich Preuß

Auf der Spreebrücke zwischen Lübben und Beeskow (6. Oktober 1975)
Foto: Erich Preuß

480 002, eine Neubeschaffung der BVG für die seit 1984 von ihr betriebene S-Bahn, in Bornholmer Straße. Um die Farben Kristallblau oder das traditionelle Rot-gelb dieser Triebwagen stritten sich die West-Berliner. Die BVG ließ im Oktober 1987 in den Tageszeitungen mit Hilfe eines Coupons abstimmen. Die Berliner entschieden sich für das Traditionelle.
In Ost-Berlin wurde ebenfalls am Anstrich experimentiert, wurden Farbtöne verändert. Seit 1991 zogen auch hier die Traditionsfarben wieder ein.
Foto: Erich Preuß

Kurort Oybin, eines der schönsten sächsischen Schmalspur-Empfangsgebäude aus dem Jahre 1890 (8. Juni 1992). Foto: Reiner Preuß

Zum Star der DR wurde der Schnelltriebwagen VT 16.18, von 1970 an 175, von 1992 an 675.

Wolkenstein – Jöhstadt war eine der idyllischsten sächsischen Schmalspurstrecken, leider mit kaum nennenswertem Personenverkehr. 99 1568 bei Streckewalde (16. August 1974).

Die 41,85 km lange Strecke Wilkau-Haßlau–Carlsfeld (Erzgeb) wurde mit Stillegungen von Streckenteilen und dem „Verkehrsträgerwechsel" „zerhackt". Morgenblick auf die das Tal der Zwickauer Mulde und die Strecke Aue (Sachs)–Adorf (Vogtl) querende Brücke bei Schönheide Süd (7. April 1974).

Fotos: Erich Preuß

Als die Straßen noch leer waren: bei Niederglobenstein, Strecke Grünstädtel–Oberrittersgrün (Mai 1969).

Um Mügeln erstreckte sich einst ein Netz der sächsischen Schmalspurstrecken. 99 1564 in Glossen auf dem Wege nach Wermsdorf (1971).
Fotos: Erich Preuß

99 7236 und 99 7231 auf der Strecke Eisfeld–Schönbrunn in Biberau (17. Februar 1973)

Von den ehemaligen Franzburger Kreisbahnen blieb bis zum 31. Dezember 1970 die Strecke Barth–Hermannshof, auf der nur noch ein Triebwagen pendelte. VT 137532 in Barth (Juni 1969).

Fotos: Erich Preuß

Uralt-Befehlsfernsprech-Schrank, 1993 noch in Betrieb auf Bf Stralsund Rügendamm

Auf einigen Bahnhöfen hielten sich die Bänke über Generationen hinweg. Angermünde (August 1991)

Relikt der Namensweihen-Konjunktur zum Ende der achtziger Jahre, aufgenommen im Jahre 1993

DR-Kofferkuli aus eigener Produktion (Raw „7. Oktober“ Zwickau) in Bad Kleinen (April 1993)
Fotos: Erich Preuß

Zur Deutschen Reichsbahn gehörte seit 1. Januar 1951 eine nur dem Güterverkehr dienende Schmalspurbahn in 600 mm Spurweite, die Waldeisenbahn Muskau. Als das Ende ihres Fahrbetriebes zu befürchten war, organisierte der Deutsche Modelleisenbahn-Verband der DDR einige Sonderzugfahrten. Sonst für Kohlen oder Torf vorgesehene offene Wagen erhielten Bänke für die Mitfahrer. 99 3318 an der sogenannten Gora-Weiche (Juli 1976).

99 4631 auf der Insel Rügen bei Putbus (31. Mai 1975)

Fotos: Erich Preuß

Das Ersatzsignal mußte bedient werden, das aber nicht zum Verschluß der Weichen zwang und immer eine unsichere Sache blieb. Auch kamen jeweils die Züge vor dem haltzeigenden Signal zum Halten, was diese verspätete. 1982 wurden die Ersatzsignale in 90 Tagen auf dem Bahnhcf Gaschwitz 726mal, in Wiederitzsch 485mal, in Merseburg zeitweise täglich 600mal (!) bedient, und auf dem Stellwerk „B 8" Engelsdorf zählte man die Ersatzsignalbedienung nicht mehr. Die Ursache der Rotausleuchtung waren die mangelhafte Instandhaltung des Oberbaus und die Verschmutzung der Gleise durch Kalizüge, aus deren Wagen das Ladegut rieselte. Die Abhilfe wäre häufigere Bettungsreinigung gewesen, doch dafür konnten und durften die hochbelasteten Gleise nicht außer Betrieb gesetzt werden – das hätte den Transportplan gefährdet. Achszählanlagen hätten ebenfalls geholfen, die aber standen der DR nicht zur Verfügung. So wurstelte man über die Zeit, und die Losungen zur Betriebssischerheit und Ordnung blieben Schlagworte.

In kleinsten Schritten wurde das Streben nach Sicherheit unterstützt: Mit altbrauchbaren Teilen wurden Schranken signalabhängig gemacht, entbehrliche automatische Halbschrankenanlagen nicht verschrottet, sondern umgesetzt. Im Rba-Bezirk Magdeburg entwickelte man aus eigener Kraft einen behelfsmäßigen Streckenblock für zeitweise eingleisigen Behelfsbetrieb. Oft vergruben die Eisenbahner nach ihrer Arbeitszeit Kabel, damit ein Signal oder Stellwerk angeschlossen werden konnte. Diese unendliche Mühe kann man heute bereits nicht mehr ermessen.

7 ARBEITEN FÜR DEN OSTEN – LEBEN IM WESTEN

Das besondere Kapitel West-Berlin

Die Zeitung „Tribüne", einst Organ des FDGB, schrieb im Sommer 1990 von einem seltsamen Schwebezustand, von einer rätselhaften Stille in der DDR um die fast 2000 Eisenbahnerinnen und Eisenbahner in West-Berlin. Diese Eisenbahner, von denen die Öffentlichkeit kaum etwas wußte, die von den Medien in Ost wie in West oft Bundesbahner genannt wurden, wie das Eisenbahnnetz West-Berlins oft als Bundesbahn bezeichnet wurde, diese Eisenbahner machten einige wenige Male Schlagzeilen, um kurz darauf vergessen zu werden.

Dabei gehörten sie und der Eisenbahnverkehr in West-Berlin zu den großen Merkwürdigkeiten der Welt. Innerhalb der Deutschen Reichsbahn spielten sie eine Außenseiterrolle, wurden umworben und ... beschimpft. Nur wenige entzogen sich dem Werben der Sozialistischen Einheitspartei Westberlin (SEW), jener Partei, die die Propaganda der DDR als alternative Kraft in der „Frontstadt" darstellte. Das brachte den Frauen und Männern mit der DR-Uniform das Mißtrauen der West-Berliner Bevölkerung ein, die davon ausging, die Eisenbahner ihrer Teilstadt seien die „Fünfte Kolonne der SED".

Sie saßen zwischen den Stühlen. In Ost-Berlin wurden sie verschwiegen, in West-Berlin mußten sie sich von ihren Leitern, der SEW, dem FDGB einreden lassen, sie arbeiteten unter sozialistischen Bedingungen in einem Betrieb, der keine Entlassungen kenne, geradeso als sei es eine Auszeichnung, in einem solchen Musterbetrieb arbeiten zu dürfen. Die Wirklichkeit freilich sprach dem Anspruch nach sozialistischen Verhältnissen Hohn.

Die besondere Geschichte der West-Berliner Eisenbahner begann 1945, als Berlin in vier Sektoren geteilt wurde, und die Sowjets ihren westlichen Alliierten den freien Zugang von und nach Berlin für die militärische, später auch für die zivile Versorgung der Stadt garantierten. Für die sowjetische Besatzungszone einschließlich ganz Berlin erließ der Chef der SMAD am 11. August 1945 den Befehl Nummer 8, der die Durchführung des Eisenbahnbetriebes den deutschen Eisenbahnern übertrug, und das waren die Mitarbeiter der Deutschen Reichsbahn. In den drei Westsektoren lagen auf 1 600 ha Gelände 150 km Gleis, 77 Bahnhöfe, 25 Güterbahnhöfe, 15 Verwaltungsstellen sowie die Reichsbahnausbesserungswerke Tempelhof und Grunewald. Die Westmächte akzeptierten die sowjetische Maßnahme. Mit der Deutschen Reichsbahn bestand in West-Berlin ein Rest des Deutschen Reiches weiter. Die Veränderung sollte mit dem Friedensvertrag kommen, hieß es.

Neben sekundären Elementen (der eingetragene Name in Organisationen und Verbänden) war das ein wesentlicher Grund, warum die Staatsbahn der DDR an ihrem Namen aus der Zeit von 1920 festhielt. Änderte sie ihn, mußte die DDR den Verlust ihrer Betriebsrechte gewärtigen. Ihr war aber daran gelegen, sie zu behalten, denn ungeachtet der wirtschaftlichen Verluste, die der Betrieb in West-Berlin angeblich (auf das Angebliche gehe ich noch ein!) mit sich brachte, behielt sie bis zu ihrem staatlichen Ende einen Fuß in der Tür zur westlichen Welt. Die Eisenbahner waren dabei nur die Statisten. Einerseits war die DDR am Status quo interessiert, andererseits kam es ständig zu Differenzen über den Status der DR in West-Berlin. Immer wieder wurde vom Osten aus versucht, Betrieb und Eigentum miteinander zu verquicken oder einfach Eigentumsrechte zu behaupten.

Zum Beispiel hatte die DR nach einem Magistratsbeschluß Mieten und Pachten von Bahngrundstücken auf ein Konto der Währungsüberwachungsstelle zu überweisen. Da dieser Beschluß von der Rbd Berlin ignoriert wurde, bildeten die Westalliierten 1953 die „Verwaltung des ehemaligen Reichsbahnvermögens (VdeR/T)“, die treuhänderisch 470 ha Grundstücksflächen mit 2 321 Wohnungen, 1 332 Lagerplätzen, 435 Lagerräumen, 8 Läden, 43 Garagen, 22 Privatgleisanschlüssen, 167 Servicebetrieben sowie 3 750 Kleingärten verwaltete, die nicht unmittelbar mit dem Eisenbahnbetrieb zu tun hatten. So hatte die DR vom Bahnhofsrestaurant in Berlin Zoologischer Garten überhaupt keinen Nutzen.

Die Vermögensverhältnisse wurden stets vertraulich behandelt, man munkelte von Millionen bis Milliarden. Das Vermögen kam laut Einigungsvertrag mit dem Sondervermögen der Deutschen Reichsbahn in die Hände der Bundesrepublik Deutschland. Strukturell unterstand die VdeR der Verwaltungsstelle der Deutschen Bundesbahn, die sich am Halleschen Ufer niedergelassen hatte und auch in der Hardenbergstraße ein Reisezentrum einrichtete. Offiziell nahmen sich beide Bahnverwaltungen in Berlin nicht zur Kenntnis.

Mit der Währungsreform 1948, ausgelöst von den westlichen Besatzungsmächten, galten in der von vier Sektoren (ein)geteilten Stadt zwei Währungen. Die Rbd Berlin war nicht bereit, die in West-Berlin wohnenden und dort arbeitenden Eisenbahner in Westgeld zu bezahlen.[43] Diese aber konnten in

---

43 Die Altersversorgung der ehemaligen Eisenbahner mit Wohnsitz in West-Berlin wurde seit 1949 von der Deutschen Bundesbahn übernommen, ein Teil ihres ständigen Defizits.

West-Berlin mit der Ostmark nicht viel anfangen, denn sie war bei dem Umtauschkurs Ost- zu Westmark, der zwischen 1:4 und 1:6 lag, für den Lebensunterhalt indiskutabel.

Am 27. März 1949 forderten die in der Unabhängigen Gewerkschaftsopposition (UGO) organisierten Eisenbahner ihre Löhne in Westmark. Willi Kreikemeyer, Präsident der Rbd Berlin, lehnte ab. 11 600 Eisenbahner folgten daraufhin dem Aufruf der UGO zum Ausstand, der am 22. Mai 1949, 0.01 Uhr, begann, in der sowjetischen Besatzungszone und später in der DDR als „UGO-Putsch" bezeichnet wurde.

Während des Streiks kam es zwischen den streikenden Eisenbahnern, aus Ost-Berlin als Streikbrecher nach West-Berlin gebrachten Eisenbahnern und „kampferprobten Genossen", die keine Eisenbahner waren, vor allem aber mit der bewaffneten Transportpolizei zu schweren Auseinandersetzungen. Tote und Verletzte gab es auf beiden Seiten, bis die Militärpolizei eingriff und die Transportpolizei in die Schranken wies.

Die Rbd Berlin anerkannte nur die in Ost-Berlin ansässige Einheitsgewerkschaft, den FDGB, der sich gern als Transmissionsriemen der Partei (der SED) bezeichnen ließ und völlig im Fahrwasser dieser Partei schwamm. Mit dem FDGB vereinbarte die Rbd Berlin, 60 Prozent des Gehalts der Eisenbahner in Deutscher Mark zu zahlen, 40 Prozent in Ostmark. Das lehnten die Streikenden mit überwältigender Mehrheit ab. Der Leiter der sowjetischen Transportabteilung befahl daraufhin, den Eisenbahnbetrieb ohne West-Berliner Eisenbahner wieder aufzunehmen. Am 25. Juni erhielten die Eisenbahner von den Westalliierten ebenfalls die Aufforderung, an die Arbeit zu gehen, und sie wiesen den Magistrat von Berlin an, den Ostmarkanteil des Gehalts in Westmark umzutauschen.[44]

Für die UGO war das eine Niederlage, denn ihr wurde klar, daß die Westalliierten nicht konsequent auf der Seite der West-Berliner Eisenbahner standen und denen nichts anderes übrig blieb, als den Dienst aufzunehmen und sich den Bedingungen zu beugen. Am 28. Juni gingen sie zur Arbeit, am 29. Juni entließ die Rbd Berlin, ohne triftige Gründe zu nennen, 380 Angestellte. Bis zum 24. August waren es 1372, die ihren Arbeitsplatz verloren, 4 000 Eisenbahner wurden auf andere Weise gemaßregelt.

Aber den Verantwortlichen in Ost-Berlin saß seit dem UGO-Streik die Angst im Nacken, mit weiteren Aktionen in West-Berlin handlungsunfähig zu werden. Der Sitz der Rbd Berlin im roten Gebäude am Schöneberger Ufer wurde von da in die Wilhelm-Pieck-Straße, in ein ehemaliges jüdisches Krankenhaus, das bereits die Nazis geräumt hatten, verlegt. Um den Westalliierten kei-

---

44 Nachdem sich ein Magistrat etabliert hatte, der das Wohlwollen der sowjetischen Behörden fand, siedelte am 1. Dezember 1948 der vorher frei gewählte Magistrat nach West-Berlin über. Im folgenden ist unter „Magistrat" immer der West-Berliner gemeint, der sich später als Senat bezeichnete.

Vom schwer angeschlagenen Nordbahnhof, der bis zum 30. November 1950 Stettiner Bahnhof hieß, fuhren nur bis zum 16. Mai 1952 Züge ab. Im Juli begann der Abbruch. Foto: DR

Blick auf den Görlitzer Bahnhof (1961) Foto: ZBDR

Im Reichsbahnausbesserungswerk Tempelhof (1961) Foto: ZBDR

nen Vorwand zu liefern, gegen diesen, mit ihnen nicht abgestimmten Umzug einzuschreiten, wurden die Akten taschenweise über die Sektorengrenze gebracht.[45]

Bis 1990 währte die schwere Zeit für die West-Berliner Eisenbahner, die sich als die Kellerkinder im westlichen Sozialstaat fühlten. Sie waren es nicht allein, denn im Werratal, zwischen Eisenach und Gerstungen, beschäftigte die DR ebenfalls bis zu 40 Eisenbahner, die „im Westen", im Hessischen, wohnten, und sich mit den Arbeitsbedingungen bei der DR abfanden sowie Mitglied des FDGB wurden oder werden mußten. Die Bahnhöfe Herleshausen und Wommen liegen im Hessischen, blieben aber im Eigentum der DR und unterstanden der Rbd Erfurt.

Nach dem Mauerbau 1961 wurden die neuralgischen Punkte an der „Staatsgrenze West" beseitigt. Dazu gehörte der Grenzkontrollpunkt Wartha, von dem aus die bereits kontrollierten Reisenden in Richtung Bebra zuerst durch Hessen, dann wieder über Gerstungen durch Thüringen und dann erneut nach Hessen fuhren.[46] Das Risiko, daß „Republikflüchtlinge" die bereits kontrollierten Züge zum Fluchtversuch nutzen könnten, wollte die DDR nicht eingehen. Sie baute eine Strecke von Förtha nach Gerstungen und richtete den Bahnhof Gerstungen als Grenzbahnhof ein, weshalb die Strecke im Werratal von 1962 an nur noch von einem Güterzugpaar benutzt wurde. 1978 kündigte die DR 23 der zuletzt noch 25 bundesdeutschen Eisenbahner.

Sie und die West-Berliner Eisenbahner erhielten ihr Gehalt in Westmark, aber mit einem Niveau, das deutlich unter dem des von Eisenbahnern bei der Deutschen Bundesbahn bezogenen lag. Um „Valutamark" zu sparen, wurden den West-Berliner Eisenbahnern einige Leistungen in Ost-Berlin und in der DDR angeboten, z. B. Ferienheime, Kinderferienlager, Krankenhausplätze.

Wurden diese Eisenbahner zum Spielball der Politik und waren sie den intensiven Beeinflussungen der (kommunistischen) Partei und der von ihr gesteuerten Einheits-Gewerkschaft ausgesetzt, so verschlimmerte sich deren Lage erst recht nach dem 13. August 1961.

Als Antwort auf den Mauerbau rief der Westberliner DGB-Vorsitzende Sikkert unter der Losung „Keine Mark für Ulbrichts Stacheldraht" zum Boykott der S-Bahn auf. Die jetzt zwischen Ost und West unterbrochene Bahn (lediglich im Nord-Süd-Tunnel fuhr sie und hielt in Ost-Berlin nur im Bahnhof Friedrichstraße, er wurde zur Umsteigestation nur für West-Berliner, mit verlockendem Intershop-Geschäft) hatte einen geringeren Verkehrswert als jene S-Bahn der Vorkriegs- und auch Nachkriegszeit, die einst als vorbildlichstes

---

45 Am 7. Oktober 1949 erließen die westlichen Schutzmächte die „Berlin Kommandatura Order" (BKO): „Die Entfernung von Reichsbahneinrichtungen oder -materialien aus einem Sektor ist ohne Genehmigung der Militärregierung des betreffenden Sektors untersagt."

46 Einzelheiten zur Streckenführung und zu den verkehrspolitischen Veränderungen in Rossberg: Grenze über deutschen Schienen 1945–1990, Freiburg 1991, Seiten 152 ff.

Massenverkehrsmittel der Welt galt. Nicht allein der Boykott der West-Berliner führte zu leeren Zügen (wer die Bahn benutzte, mußte sich mitunter von Passanten beschimpfen und bespucken lassen), die S-Bahn war für den West-Berliner Senat nicht mehr existent. Die Betonlobby setzte den U-Bahn-Ausbau durch, der Senatsbetrieb Berliner Verkehrsgesellschaft (BVG) legte Buslinien parallel zu den S-Bahn-Strecken an.

Neben der S-Bahn und dem sonstigen Eisenbahnverkehr stellte die DR die Lokomotiven für den Militärverkehr der drei Westalliierten zwischen West-Berlin und dem Bundesgebiet, wofür spezielle Bahnhofsteile in Tegel (Franzosen), Zehlendorf (Amerikaner) und Charlottenburg (Briten) vorgehalten wurden. Die Sowjets dagegen hatten ihren Bahnhof außerhalb von Berlin, in Wünsdorf. Er wurde 1987 anläßlich des 70. Jahrestages der Oktoberrevolution als Geschenk der Rbd Berlin modernisiert. Die Mittel waren vom normalen Investitions-Volumen abgezweigt; der Berliner Containerbahnhof Frankfurter Allee hatte das Nachsehen.

Die DDR „mauerte“

Der Fernverkehr war ebenfalls Sache der DR, bei ihm konnte man je nach politischem Bedarf die Bremsen kräftig anziehen oder auch lösen. Sicher für die West-Berliner war nur der Luftverkehr, was ihnen spätestens seit der „Blokkade“ 1948 bewußt wurde. Zumindest seit dieser Zeit sahen Sowjets und Ostdeutsche genauer in die Züge. Bei der S-Bahn wurden östlich der Sektorengrenze Kontrollbahnsteige aufgebaut, z. B. zwischen Friedrichstraße und Lehrter Stadtbahnhof, wo man bedarfsweise die Züge anhielt und kontrollierte. Um zu verhindern, daß West-Berliner das Stadtgebiet verließen, wurden sämtliche Züge an der Stadtgrenze angehalten und die Personalausweise der Reisenden kontrolliert. So bekam der Bahnhof Eichwalde einen Außenbahnsteig für die Fernzüge, die S-Bahn-Züge hielten mindestens jeweils 10 min, sogar die Straßenbahnen zwischen Friedrichshagen und Schöneiche sowie Rahnsdorf und Woltersdorf wurden zur Kontrolle der Fahrgäste im Wald angehalten.

Die S-Bahn klammerte die vier Sektoren zusammen, bis zum 13. August 1961 konnte jeder für –,40 M eine Rückfahrkarte lösen und brauchte nicht das Rückfahrgeld in Westwährung zu entrichten. Beliebt war der Vollring bei Studenten, weil er ihnen die Rundfahrt für –,20 M ermöglichte, währenddessen sie ihre Hausaufgaben erledigten.

Der Fernverkehr zwischen West-Berlin und dem Bundesgebiet blieb immer kümmerlich. Argwöhnisch wachte das SED-Politbüro darüber, daß die Verbindungswege nicht aufgewertet wurden. Hier stand die Politik der Ökonomie im Weg, was den Konkurrenten der Eisenbahn (auch beim Güterfernverkehr) nutzte, da der Eisenbahnverkehr unmodern, unbequem und langsam blieb. Nicht eine Strecke wurde zwischen dem Westen und Berlin elektrifiziert. Den

Verhandlungspartnern der Internationalen Abteilung im Ministerium für Verkehrswesen der DDR oder den Fahrplanbearbeitern wurde in der „Reisedirektive" der Rahmen sehr eng gesteckt, in dem sie sich bei Besprechungen mit der DB bewegen durfte. Dementsprechend waren die Verhandlungsergebnisse, gemessen am Stand nach der Wiedervereinigung, sehr bescheiden.

So mußten beim Angebot der DB, West-Berlin in das InterCity-Netz einzubeziehen, technische Gründe herhalten, um dies abzulehnen. Angeblich war die Diesellokomotive der Baureihe 132 (jetzt 232) nicht in der Lage, genügend Strom für das Bordnetz des Speisewagens und die Klimaanlage der Wagen zu liefern. (Bei gutem Willen wäre es möglich gewesen, denn seit Mai 1991 zieht diese Lokomotive anstandslos die InterCity-Züge, und seit Mai 1992 fahren sie – als Baureihe 234 – sogar bis zu 140 km/h.) Zumindest von den Eisenbahnern wurde die Gelegenheit zur Verbesserung des Reisezugverkehrs genutzt. Da die DDR-Führung keinem InterCity-Verkehr von und nach West-Berlin zustimmte, vereinbarte K. vom Ministerium für Verkehrswe-

Vergammelter Bahnhof: Spandau Hbf (1961) Foto: ZBDR

sen mit einem Vorstandsmitglied der DB, wenigstens klimatisierte Wagen in den Berlin-Zügen einzusetzen.

Die versteinerte Situation im Fernverkehr wurde durch das Transitabkommen[47] am 17. Dezember 1971 beendet. Lächerlich erscheint es, daß die Verkehrshalte in Charlottenburg und Wannsee sowie das Einlegen eines zusätzlichen Zugpaars zwischen Frankfurt (Main) und Berlin mit zwischenstaatlichem (die von der DDR-Seite als völkerrechtiich verbindlich betrachtet wurden) Abkommen geregelt werden mußten, als sei das nicht Sache der Bahnverwaltung, die durch kundenfreundliche Maßnahmen ihre Einnahmen hatte. Für diese mußte die Bundesregierung ansehnliche Beträge überweisen, genauso für die Renovierung des Bahnbetriebswagenwerks Berlin-Rummelsburg Abstellbahnhof, damit die Klagen der Westreisenden über schmutzige Wagen aufhörten! Das Geld blieb aber nicht bei der DR, sondern wanderte in den großen Topf des Staates. Die DR hatte, wie andere Betriebe, Devisen laut Plan zu erwirtschaften. Dafür war jedes Mittel recht.

Die Eisenbahner in West-Berlin spürten kaum etwas von diesen Erleichterungen im Transitverkehr. Ihre unhaltbare Lage blieb. Die Leitungsfunktionen bei der DR in West-Berlin wurden seit 1949 systematisch von Eisenbahnern besetzt, die treue Genossen der SED (bzw. ab 1966 der SEW) waren. Obwohl in West-Berlin die Mieten und Preise stiegen, blieben Lohnerhöhungen aus, die Eisenbahner gehörten zu den schlechtbezahltesten Arbeitnehmern im Währungsgebiet der DM. Zum Beispiel verdiente laut einem Zeitungsbericht ein Lokomotivführer bei der DR (Ost) 1980 netto 800 M[48], bei der DR (West-Berlin) 1 600 DM, bei der DB 2 800 DM brutto. Die West-Berliner Eisenbahner mußten sich dafür von der DR sagen lassen, sie arbeiteten in einem sozialistischen Betrieb, der keine Krisen kenne, wo die Arbeitsplätze sicher seien. Als es bei der AEG zu Massenentlassungen kam, nutzten SEW und Rbd Berlin diese vermeintlichen Unterschiede weidlich für ihre Propaganda aus.

Wegen der geringen Entlohnung fand die DR in West-Berlin kaum Arbeitskräfte, die Eisenbahner mußten ständig Überstunden leisten, was ihr niedriges Einkommen einigermaßen aufbesserte. Doch sie forderten normale Arbeitszeit, ohne Überstunden, und ein vernünftiges Einkommen. Die Gewerkschaft, der FDGB, ging auf solche Forderungen nicht ein. An technische Rationalisierung, um den Personalaufwand zu senken, war – genauso wie bei der DR in der DDR – kaum zu denken, zumal die DDR in erster Linie an Westgeld-

---

47 Abkommen zwischen der Regierung der Bundesrepublik Deutschland und der Regierung der Deutschen Demokratischen Republik über den Transitverkehr von zivilen Personen und Gütern zwischen der Bundesrepublik Deutschland und Berlin (West)

48 Nach eigener Erfahrung kommt das Beispiel von einem Lokomotivführer auf der Rangierlokomotive, ohne Zuschläge. Der West-Berliner Lokomotivführer konnte ohnehin nicht mit reichlichen Zuschlägen rechnen, denn der Zugdienst reichte höchstens bis Seddin Süd und Wustermark Rbf, die Rangierbahnhöfe hatten Nachtruhe.

einnahmen interessiert war, weniger an -ausgaben. An punktuellen Verbesserungen kamen im Einvernehmen mit dem Senat von West-Berlin, ohne die große Politik zu bemühen, wenigstens die Modernisierung des Bahnhofs Berlin Zoologischer Garten (106 Millionen DM) und der Ausbau des Containerterminals Hamburg und Lehrter Bahnhof heraus.

Die S-Bahn benutzten täglich rund 10 000 Reisende. Zahlte jeder auf Normalfahrschein 2 DM, so betrug die Einnahme 20 000 DM. Das Ministerium für Verkehrswesen und die Rbd Berlin hatten ermittelt, daß zum regulären S-Bahn-Betrieb mindestens 1 300 Eisenbahner nötig wären, die Personalkosten betrügen im Jahr 40 Millionen DM. Die Fahrgeldeinnahmen machten noch nicht einmal ein Fünftel der Personalkosten aus. Unermüdlich forderte Walter Grohs, der Präsident der Rbd Berlin, vom Senat, sich am jährlichen Defizit von 120 bis 140 Millionen DM zu beteiligen. Der S-Bahn-Betrieb war auf alle Fälle, wie in jeder westdeutschen Kommune nicht anders, ein Verlustgeschäft, und wenn F., Vizepräsident für Bau und Technik (in West-Berlin) der Rbd Berlin, vor verblüfften Journalisten im Dezember 1989 behauptete, klare Bilanzen hätten nicht vorgelegen, die Einnahmen sowie Ausgaben ließen sich nicht klar in Fern- und S-Bahn-Verkehr trennen, so ist das einer Zeit geschuldet, als jeder glaubte, „jetzt die ganze Wahrheit“ ans Licht der Öffentlichkeit bringen zu müssen. Die Milchmädchenrechnung hätte ihm ebenso jederzeit bewußt sein müssen wie die Tatsache, daß die Rechnung der DDR-Regierung und F.'s Präsidenten berechtigt war.

Otto Arndt, der DDR-Verkehrsminister, soll in einem Brief Günter Mittag, dem Politbüromitglied der SED und Sekretär des Zentralkomitees der SED für Wirtschaftspolitik, vorgeschlagen haben, den Eisenbahnbetrieb in West-Berlin ganz aufzugeben und zwischen Ost-(?)-Berlin und der Bundesrepublik Deutschland Transitzüge zu fahren nach dem Modell des Danziger Korridorverkehrs 1919 bis 1939. Nichts sprach aus wirtschaftlicher Vernunft für die Fortsetzung des Eisenbahnbetriebes durch die DR in West-Berlin. Nur der Status, und darüber ließen die Sowjets offenbar nicht mit sich reden. Mittag soll auf Arndts Vorstoß ungehalten gewesen sein.

Der Einheitsfahrpreis in der Preiszone I von –,20 M in Ost-Berlin und –,20 DM in West-Berlin mußte bereits in den siebziger Jahren aufgegeben werden. Die S-Bahn-Karte kostete schließlich 2,70 DM.

1976 bot die DR dem Senat die S-Bahn zur Pacht an, der unter Hinweis darauf ablehnte, die DR bzw. die DDR sei nicht Eigentümer der Bahn, könne daher nicht verpachten. Hinzu kam, daß sich der Senat auf diese Weise nicht in die seinerzeit von der UdSSR und der DDR propagierten Dreistaaten-Theorie einbeziehen lassen mochte. Er wollte nicht Vertragspartner der DDR-Regierung werden, sondern verwies an die Hoheit der Alliierten, an die sich aber die DDR nicht wandte.

Das war ein unerträglicher Zustand, zumal auch die kommunalen Verkehrsbetriebe in der Bundesrepublik Deutschland subventioniert wurden, erst recht der senatseigene Betrieb BVG. Der DR blieb nichts weiter übrig, als immer wieder darauf zu verweisen, daß man ihr die Einnahmen aus Pacht und Vermietung vorenthielt, daß der Senat sich mit Subventionen am S-Bahn-Betrieb nicht beteilige. Sie konnte nur das Notwendigste zur Erhaltung der S-Bahn tun, die dadurch immer mehr verwahrloste. Die Züge fuhren wie Geisterzüge durch die Stadt, und die Arbeitsbedingungen der Eisenbahner waren hanebüchen.

Im Mai 1979 kam es zu einer von der Rbd groß angekündigten, aber enttäuschenden Lohnerhöhung, die effektiv etwa 50 DM ausmachte, denn die DR dehnte die Nachtruhe der S-Bahn aus, so daß für viele Eisenbahner die Schichtzuschläge entfielen. Der Unmut wurde immer größer, Belegschaftsversammlungen verfaßten Resolutionen, in denen die Gewerkschaft aufgefordert wurde, sich für bessere soziale Bedingungen einzusetzen. Stattdessen genehmigte die Gewerkschaft ohne Diskussion mit den Eisenbahnern bis zu 550 Überstunden im Jahr. Im Osten mußten die West-Berliner als undankbar erscheinen. Wo man keine regelmäßig auszuhandelnden Tarifverträge kannte, wo man nicht die Lohnkosten dem Preisanstieg anglich, wo Rentner sich über ein Jahr lang auf die „sozialpolitische Maßnahme Rentenerhöhung“ von rund 50 Mark zu freuen hatten (während für Jugendaufmärsche das Geld mit vollen Händen ausgegeben wurde, etwa wenn die Jugendlichen einheitliche Festivalkostüme und -anzüge erhielten), hatte man kein Gefühl dafür, daß Lohnerhöhungen keine Gnade darstellten.

Im Januar 1980 entließ die DR 78 Eisenbahner der Raw Tempelhof und Grunewald mit folgenden Kündigungsschreiben:

„Werte Frau …

Durch die Reichsbahndirektion Berlin wurden Maßnahmen zu einer notwendigen Senkung des Personalaufwandes für Leitungs-, Verwaltungs- sowie andere, nicht unmittelbar der Transportdurchführung dienende Arbeiten getroffen.

Dabei erfolgte mit Wirkung vom 15. 1. 80 eine Kürzung des Arbeitskräfte- und Stellenplans des Reichsbahn-Ausbesserungswerkes Berlin-Tempelhof.

Aus diesen Gründen muß ich leider Ihren mit der Deutschen Reichsbahn abgeschlossenen Arbeitsvertrag entsprechend den Paragraphen 7 und 8 der Vereinbarung über lohn- und arbeitsrechtliche Bestimmungen für die Beschäftigten der Deutschen Reichsbahn mit Wohnsitz in Berlin (West) fristgemäß mit Wirkung vom 16. 1. 80 kündigen, da in absehbarer Zeit keine Möglichkeiten der Übertragung einer anderen zumutbaren Tätigkeit bei der Deutschen Reichsbahn bestehen.

Ihr Arbeitsverhältnis mit der Deutschen Reichsbahn endet damit am 30. 1. 80. Die Bezirksgewerkschaftsleitung Eisenbahn der Reichsbahndirektion Berlin hat dieser Kündigung ihre Zustimmung gegeben.“

Man wolle, so hieß es, den ungerechtfertigt hohen Verwaltungsaufwand senken.

Die Kündigungen mit 14tägiger Frist kamen derart überstürzt, daß die Eisenbahnerzeitung „Fahrt frei“ ohne die Beilage für die West-Berliner Mitarbeiter blieb. In der Redaktion hatte der Verantwortliche Redakteur nicht mehr darauf reagieren und die obligaten Jubelbeiträge auswechseln können. Später zeitigte der Septemberstreik dann andere Folgen: Statt der zweiseitigen Einlage erhielten die West-Berliner eine selbständige Ausgabe von vier Seiten. Das Politbüro der SED meinte, man habe die agitatorische Arbeit vernachlässigt. Allerdings hatte diese Zeitung mit der regulären Ausgabe, die sich durch kritische Berichte auszeichnete, wenig gemein.

Über die kurze Kündigungsfrist und die fehlende Abfindung waren viele empört. Die DR konnte sich jetzt nicht mehr ihrer sicheren Arbeitsplätze rühmen. Die Betroffenen erhielten von den Arbeitsämtern Unterstützung, obwohl die DR nie Beiträge an das Landesarbeitsamt entrichtet hatte.

Als ein Teil der Betroffenen bei den Konfliktkommissionen[49] in den Raw beantragte, man möge die Kündigungen aufheben, erklärten diese in 30 Fällen die Kündigungen für rechtswidrig. Dagegen legte die Rbd Berlin beim Stadtbezirksgericht Berlin-Mitte Berufung ein. Alle halben Stunden fand eine Verhandlung bei den extra wegen der West-Berliner von drei auf sechs erweiterten Kammern statt. Diese bestätigten die Kündigungen, aber es wurde deutlich, daß West-Berliner in West-Berlin dem sozialistischen Arbeitsrecht unterstanden! Das hat aber seinerzeit im Westen niemanden aufgeregt.

Bereits zu dieser Zeit wurde unter den Eisenbahnern von Streik gesprochen, der FDGB hatte jeglichen Kredit verspielt. Am 11. September 1980 wurden von der Rbd Berlin erneut Lohnerhöhungen versprochen. Gleichzeitig bereitete sie drastische Einschränkungen im S-Bahn-Betrieb vor, die zum Fahrplanwechsel am 28. September in Kraft treten sollten: Von 21 bis 5 Uhr nur noch S-Bahn-Verkehr zwischen Charlottenburg und Friedrichstraße, Gesundbrunnen und Westkreuz sowie Papestraße. Bei der Planung des Sommerfahrplanabschnitts war bereits an einen 40-min-Takt, aber auf allen S-Bahn-Strekken, gedacht worden.

Die Eisenbahner befürchteten den Wegfall eines Restes von Lohnzuschlägen und legten am 15. September spontan die Arbeit nieder. Am 16. September kam es erneut zu spontanen Arbeitsniederlegungen, am 17. September brach der Streik offen aus, der S-Bahn- und Güterfernverkehr wurde lahmgelegt. Später hieß es in mehreren westlichen Zeitungskommentaren, er sei zum „falschen Zeitpunkt“ ausgebrochen, weil die West-Berliner Eisenbahner sich in die Nähe des Streiks der Danziger Werftarbeiter setzten. Für jeden Funktionär und erst recht für die Partei- und Staatsführung mußte die Arbeitsniederlegung wie ein Menetekel wirken. Ihre Werktätigen, und solche waren ja die West-Berliner Eisenbahner, streikten einfach nicht! Den Parteifunktionä-

49 Die Konfliktkommissionen waren „gesellschaftliche Gerichte“ in den Betrieben, erste Instanz für Arbeitsrechts- und kleinere zivile Streitigkeiten.

Durch die Teilung der Stadt am 13. August 1961 erlangten der Berliner Außenring und damit der Bahnhof Schönefeld (bei Berlin), wie er seinerzeit hieß, an Bedeutung. Die Züge nach Werder als Ersatz für die unterbrochene S-Bahn-Verbindung Erkner–Potsdam wurden schnell „Sputnik“ genannt, kreisten sie doch wie der 1961 von der UdSSR ins Weltall geschossene Satellit um die Erde auf dem Außenring herum (1964). Foto: ZBDR

ren fehlte das Gefühl, wie man in brenzligen Situationen mit Arbeitnehmern bzw. Werktätigen umgeht. Es ging zudem ums Prestige. Auf Streikforderungen einzugehen, bedeutete, sich erpressen zu lassen. Umgekehrt verstand es die DDR sofort, den Streik für ihre Zwecke umzumünzen und die Subventionierung der S-Bahn vom Senat zu fordern. Logisch war das, denn nirgendwo kommt der Nahverkehr ohne kommunale Hilfe aus, und die senatseigene BVG bekam ihre kräftigen Verluste ebenfalls erstattet. Im Senat dachte man aber so: Wenn die DR bei uns die Eisenbahn betreibt, soll sie mit ihr selig werden. Und das auf dem Rücken der Mitbürger von West-Berlin.

Die Terroristen

Wie erklärte man den Ost-Berlinern und den DDR-Bürgern die Rebellion der Eisenbahner? Da war von Revanchisten in West-Berlin die Rede, von jährlich 140 Millarden DM Verlust, unisono behauptete man, es sei zu provokatorischen Störungen des normalen Arbeitsablaufs gekommen. Daß Eisenbahner streikten, wurde nicht erwähnt, sondern der Eindruck erweckt, es handele sich um betriebsfremde Elemente, sogar um Terroristen. Und die Situation

Solange der Zugverkehr für die westlichen „Schutzmächte" zwischen den Bundesländern und West-Berlin nicht gestört wurde, interessierte sich niemand für die Eisenbahner hier. Triebwagen der US-Armee in Lichterfelde West (18. Mai 1989). **Foto: Reiner Preuß**

der Eisenbahner? War die Indoktrination der Eisenbahner in der DDR groß, so war sie in West-Berlin unter den Augen der „westlichen Demokratie" beispiellos. Die Sozialistische Einheitspartei Westberlin (SEW), ein Ableger der SED, fand (Wahlergebnisse belegen dies: rund 1 Prozent der Stimmen) in der abgeschnürten Stadt keinen Widerhall in der Bevölkerung. Umsomehr tummelten sich die SEW-Genossen bei der DR in West-Berlin, bildeten Betriebsgruppen, errichteten eine Nomenklatura für die besser bezahlten Stellen.

Zur Politischen Abteilung der Rbd Berlin gehörte eine besondere Unterabteilung, deren Leiter gleichzeitig Vertreter des Leiters der „großen" Abteilung war. Desgleichen bestand bei der Bezirksgewerkschaftsleitung Rbd-Bezirk Berlin der Industriegewerkschaft Transport- und Nachrichtenwesen eine besondere Gruppe für West-Berlin. Dort saßen die 40 Mitglieder aus dem Osten den 17 aus dem Westen gegenüber. Grundsätzlich waren sie auf die Parteilinie eingeschworen, denn während die Ost-Gewerkschafter Mitglieder der SED waren, kamen die aus dem Westen aus den Reihen der SEW, und es waren nicht nur Mitläufer. Die hauptamtlichen FDGB-Funktionäre hatten meist zuvor hauptamtliche Parteifunktionen innegehabt, etwa als Parteisekretär der SEW-Grundorganisation S-Bw Papestraße, hatten Parteischulen in der DDR

ÖBB-Triebwagen der Reihe 5045 verläßt 1963 als „Vindobona“ nach Wien den Ostbahnhof. Er war die Tagesverbindung nach Österreich vor allem für die West-Berliner. Zuerst ging die DR am 6. Januar 1957 mit dem VT 137 273 (Bauart „Köln“) auf Probefahrt nach Wien, am 30. April 1957 begann der reguläre Zugverkehr mit den Bauarten „Köln“, „Leipzig“ „Hamburg“. Wegen des Naturalausgleichs folgten 1959 die ČSD (M 495), 1961 die ÖBB (5045), 1963 ČSD (M 498), 1965 die DR (SVT 18), 1967 ČSD (M 296), 1969 bis zum Sommerfahrplan 1979 die DR (SVT 18, 173). Foto: ZBDR

absolviert – alles nach dem Muster der DDR, wo zwischen Gewerkschaft und Partei die Posten hin- und hergeschoben wurden, die Wahlen zum peinlichen Akt verkamen.

Mobilisierten die Genossen ihre Eisenbahner zum Anti-Kriegstag, zur Mai-Kundgebung, zum Pressefest der von Ost-Berlin ausgehaltenen Zeitung „Die Wahrheit“, so verstand sich die Gewerkschaft als ein Kultur- und Ferienverein, dem es keinesfalls in den Sinn kam, sich für die Rechte der Eisenbahner einzusetzen. Da die Werktätigen der DDR angeblich Eigentümer der Produktionsmittel waren und sich ein Streik gegen ihren eigenen Betrieb verbot (die Verfassung sah ihn auch nicht vor), galt das genausogut für die DR-Eisenbahner in West-Berlin.

Die erste Reaktion auf den Streik: Die dienstlichen Fernsprechverbindungen (Basa) wurden stillgelegt, damit die Eisenbahner keine Nachrichten austauschen konnten. Der Leiter des Reichsbahnamtes 4, zu dem die Dienststellen in West-Berlin und der Bahnhof Friedrichstraße gehörten, forderte die Eisenbahner auf, die Arbeit aufzunehmen. Zu deren Forderungen kein Wort. Am 18. September 1980 fand auf dem Containerbahnhof Hamburg und Lehrter Bahnhof eine Streikversanmmlung mit 500 bis 600 Teilnehmern statt, auf der ein 20köpfiges Streikkomitee gebildet wurde, das mit der Rbd Berlin verhandeln sollte. Der Leiter des Reichsbahnamtes 4 erschien und mußte die Forderungen der Streikenden entgegennehmen:

1. Lohnerhöhung von 160 DM netto für jeden Beschäftigten ohne Unterschied,
2. 4 (Arbeits-)Tage mehr Urlaub,
3. freie Arztwahl,
4. Reduzierung der Überstunden auf ein erträgliches und zumutbares Maß,
5. bessere soziale Betreuung der Eisenbahner durch Reinigungs- und Bedienungspersonal,
6. Überarbeitung des gesamten Lohngefüges,
7. keine arbeitsrechtlichen Repressalien für die an der Arbeitsniederlegung beteiligten Kollegen.

Vom Leiter des Rba dazu kein Wort, auch die Rbd lehnte Verhandlungen ab, entließ stattdessen 15 Eisenbahner fristlos und kündigte die Stillegung von zwölf Güterbahnhöfen zum 1. November an. Die Leiter der Dienststellen wurden angewiesen, die Streikenden einzeln zu sich zu bestellen. Sie gaben diesen eine Bedenkzeit von ein bis zwei Stunden. Danach mußten sie sich vom Streik distanzieren. Verweigerten sie eine solche Erklärung, wurden sie fristlos entlassen.

Und die Solidarität aus dem Westen? Die Gewerkschaft der Eisenbahner Deutschlands versagte den Streikenden ihre Unterstützung, weil diese im FDGB organisiert waren. Die wiederum wandten sich mit Hilfs- und Solidaritätsaufrufen an die Bevölkerung, weil sie keinerlei Streikunterstützung erhielten. Der Deutsche Gewerkschaftsbund bekundete auf einer Tagung lediglich Sympathie und Solidarität, ohne wirkliche Hilfe anzubieten.

Am 19. Septemter 1980 beschlossen die Streikenden, die Stellwerke in Moabit, Spandau und Grunewald auch in der Nacht besetzt zu halten, damit Bahnpolizisten[50] sie nicht in die Hand bekamen. Vom 20. September, um 20.30 Uhr, an wurde der Personen-Transitverkehr von und nach der Bundesrepublik Deutschland blockiert, indem das Stellwerk „Zow" auf dem Bahnhof Zoologischer Garten bestreikt wurde. Kurz darauf erschien eine Gruppe von Bahnpolizisten mit Hunden und versuchte, mit Äxten und Brechstangen die Tür einzuschlagen und in das Stellwerk einzudringen. Die Streikenden riefen über Megaphon um Hilfe; um 21 Uhr traf West-Berliner Polizei ein. Sie for-

---

50 Bahnpolizisten waren West-Berliner Mitarbeiter der DR, die die Betriebssicherheit gewährleisten sollten, aber keine Waffe, nur den Gummiknüppel tragen durften. Tatsächlich waren es „kampferprobte" SEW-Genossen, die nichts mit der Eisenbahn zu tun hatten und die von vielen Eisenbahnern gemieden wurden. Die Bahnpolizei war der Ersatz der in Ost-Berlin und in der DDR tätigen Transportpolizei, die dem Ministerium des Innern unterstand und als Reaktion auf den Mauerbau durch alliierte Anordnung auf West-Berliner Bahngelände seit 1962 nicht mehr tätig sein durfte. Gegen diese alliierte Vorschrift wurde öfter verstoßen.

derte die Streikenden auf, das Stellwerk zu verlassen und stellte sich vor die Tür. In der Nacht versuchten 70 Zivilisten (vermutlich Bahnpolizei und zivile SEW-Genossen), das Stellwerk zu stürmen, wurden jedoch von den Polizisten daran gehindert. Am Nachmittag des 21. September zog sich die Bereitschaftspolizei zurück, doch die Transitzüge fuhren nicht. Tausende Reisende mußten Autobusse benutzen.

Am 22. September räumten die Streikenden das Stellwerk auf dem Bahnhof Zoologischer Garten, worauf der Personen-Transitverkehr[51] wieder einsetzte, die Rbd zeigte immer noch keine Verhandlungsbereitschaft. Die Streik - leitung erklärte, die Streikenden wollten künftig nicht mehr unter der Leitung der DR arbeiten, und sie forderte den Senat auf, mit den Alliierten über die Betriebsrechte der DR zu verhandeln. An diesem Tag stürmten 15 Bahnpolizisten mit Hilfe sowjetischer Soldaten das ebenfalls bestreikte Stellwerk Halensee und warfen die acht Besetzer vom Stellwerk.

Etwa 300 der insgesamt 3 700 West-Berliner Eisenbahner beteiligten sich am Streik, etwa 1 000 sympathisierten mit ihnen. Vor allem ältere Eisenbahner waren nicht zum Streik bereit, erschienen zwar zur Arbeit, leisteten aber keinen Dienst. Mit dieser Passivität rechnete die Rbd Berlin, denn wo sollten diese in West-Berlin Arbeit finden, wenn nicht bei der DR? Hinzu kam, daß 25 Prozent der Eisenbahner als eingeschriebene SEW-Mitglieder der Parteidisziplin unterlagen.

Die Rbd Berlin konnte zufrieden sein. Diesmal waren es nicht 15 000 Streikende wie 1949. Auch herrschte unter den Eisenbahner keine Einigkeit wie damals.

Nach einer Woche verließ das inzwischen neugebildete Streikkomitee den Containerbahnhof, und seit dem 24. September lief der Güterverkehr wieder an, nur der S-Bahn-Betrieb blieb lahmgelegt. Am 25. September rief das Komitee die Eisenbahner auf, die DR zu verlassen, sich in den Arbeitsämtern zu melden und sich in der Gewerkschaft der Eisenbahner Deutschlands zu organisieren. Damit war der Streik zu Ende.

Umdenken und Annäherung

Über 200 Eisenbahner erhielten in den folgenden Tagen von der Rbd ihre schriftliche Kündigung, etwa 350 Eisenbahner ließen sich bei den Arbeitsämtern als arbeitslos registrieren. Ein Teil von ihnen fand eine Tätigkeit bei der Deutschen Bundesbahn, vornehmlich im Direktionsbezirk Hannover.

Die West-Berliner Eisenbahner fühlten sich verraten. Dietrich Stobbe, Regierender Bürgermeister, erklärte zwar, die DR verlöre ihre Betriebsrechte, wenn sie ihrer Betriebspflicht nicht nachkomme, und er verfolge den Streik „mit Sympathie", aber die Streiklage sei eine Folge davon, daß sich die Berliner Ei-

51 Erster Zug war D 344 Berlin–Köln, Berlin Zoologischer Garten ab 10.51 Uhr

senbahner zum Teil nicht gewerkschaftlich organisieren wollten. Als sei ihnen bis dahin eine andere Wahl geblieben, als in den FDGB einzutreten, zumal die Rbd Berlin in West-Berlin weder eine Westberliner Gewerkschaft noch das Arbeitsrecht West-Berlins anerkannte, sondern nur den FDGB und das Arbeitsrecht der DDR. Steuern und Sozialversicherungsbeiträge der West-Berliner Eisenbahner wurden an die DDR-Institutionen abgeführt. Der Appell der Streikenden richte sich „an die falschen Adressaten", sagte Stobbe.

Bundeskanzler Helmut Schmidt meinte, die Bundesregierung werde sich – wie üblich! – nicht in einen tarifpolitischen Konflikt einmischen, als habe es sich um einen solchen gehandelt. Die Industriegewerkschaft Metall, die während des Streiks im Berliner Congress-Centrum tagte, nahm während der gesamten Tagung zum Streik keine Stellung, gewährte einer Delegation der Streikenden keine Gelegenheit, auf dem Kongreß aufzutreten.

Und Ernst Haar, der Vorsitzende der GdED, empfahl den Streikenden, ihren Ausstand zu beenden, weil sich „mit Emotionen keine Weltpolitik machen" ließe.

Nach diesem Spektakel wollte die DR den S-Bahn-Verkehr ganz einstellen. Es blieb beim Zugverkehr auf den Strecken Friedrichstraße–Wannsee, Heiligensee–Lichterfelde und Frohnau–Lichtenrade. 40 der 70 S-Bahnhofe wurden nicht mehr bedient, das Personal der stillgelegten Stellen wurde umgesetzt. Aber es reichte nicht. Die DR war gezwungen, Eisenbahner aus der DDR nach West-Berlin zu schicken (vor allem Lokomotivführer und Rangierer), um den Betrieb einigermaßen aufrechtzuerhalten. Damit gab es folgende Kategorien von Eisenbahnern, die vom üblichen Status abwichen und die bestimmten Sicherheitsüberprüfungen unterlagen:

- Eisenbahner mit ständigem Wohnsitz in West-Berlin und Arbeitsstelle in West-Berlin.
- Eisenbahner mit ständigem Wohnsitz in West-Berlin und Arbeitsstelle in Ost-Berlin, vor allem Partei- und Gewerkschaftsfunktionäre. Dazu kamen Lokomotivführer vom Bw Berlin-Grunewald, die nach Seddin und nach Wustermark Rbf fuhren, dort in einen abgesperrten Teil kamen, den sie nicht verlassen durften und konnten.
- Eisenbahner mit ständigem Wohnsitz in der DDR und in Ost-Berlin[52] und Arbeitsstelle (ständig oder zeitweise) in West-Berlin.
- Durch West-Berlin reisende Eisenbahner: Lokomotivführer und Zugbegleiter. Die Lokomotivführer waren in speziellen Dienstplänen in einzelnen Bahnbetriebswerken zusammengefaßt, die Zugbegleiter gehörten zu den Bahnhöfen Potsdam Stadt und Berlin Ostgüterbahnhof.

Um die Personalangelegenheiten auf eine Stelle zu konzentrieren, bestand

52 De jure wurde der formelle Unterschied zwischen Ost-Berlin und der DDR beachtet, in der Sache aber Ost-Berlin in die Ordnung der DDR eingefügt, natürlich auch die Angelegenheiten der sogenannten Reisekader.

Am Eingang des S-Bahnhofs Wollankstraße stand ein Schild „Ende des französischen Sektors – Das angrenzende Gebiet gehört zu Ostberlin“. Da der Bahnhof auf Ostberliner Territorium lag, stand hier auch seit 1984 keine Auf-

sicht der BVG im Dienst, sondern eine der DR vom Bahnhof Berlin-Friedrichstraße (22. August 1989)
Foto: Reiner Preuß

bei der Rbd Berlin, abweichend von den anderen Reichsbahndirektionen, ein besonderes Fachgebiet in der Abteilung Kader und Bildung. Kuhlmann beschreibt, womit sich diese Leute beschäftigten.[53] Die Kaderakte mußte fleckenlos sein; Kneipengänger, Alkoholiker durfte man nicht sein, sondern „einen ausgeprägten festen Klassenstandpunkt, Treue zu Partei und Regierung besitzen und die Interessen der DDR im Ausland vertreten.“ Der kritische Zeitgenosse war kaum, eher der opportunistische gefragt. Mitgliedschaft in der SED war kein Privileg für Reisekader. Die Partei mißtraute allen, sah sich überall von „Gegnern“ umgeben. Das albern wirkende Regime bei Dienstreisen kennzeichnet die mangelnde Souveränität der DDR-Funktionäre im Umgang mit ihren Untertanen. Genauso eingeschränkt – ebenfalls in [53] beschrieben – war der Dienstreiseverkehr der West-Berliner Eisenbahner in Ost-Berlin.

Eines hatte der Streik erreicht: Die Eisenbahn war in die Schlagzeilen geraten, und hinsichtlich des Status bewegte sich etwas. Vor allem die Freien Demokraten in West-Berlin setzten sich dafür ein, die S-Bahn in die Verkehrsplanung einzubeziehen. Sie forderten den Senat zur Lösung der S-Bahn-Probleme zu Verhandlungen auf. Die Stimmungsänderung zielte in die Richtung, alle verfügbaren öffentlichen Verkehrsmittel unter einen Hut zu bringen und damit nicht auf die Wiedervereinigung zu warten. Allerdings konnte man die S-Bahn aus statusrechtlichen Gründen nicht der Deutschen Bundesbahn übertragen, eher der BVG.

Im Frühjahr 1981 endlich begann der Senat unter Leitung des neuen Regierenden Bürgermeisters Hans-Joachim Vogel Gespräche mit den Alliierten darüber, wie die S-Bahn in das Verkehrssystem in West-Berlin aufgenommen werden könne. Die stimmten zu, und am 21. Dezember 1983 einigten sich die Unterhändler der DDR und des Senats[54] in den Grundzügen einer Vereinbarung, die am 23. Dezember unterschriftsreif war und am 30. Dezember in Ost-Berlin unterschrieben wurde.

Unter I. 1. hieß es: „Die Deutsche Reichsbahn – Reichsbahndirektion Berlin – wird den Betrieb der S-Bahn in Berlin (West) am 9. Januar 1984, 3 Uhr, einstellen.“ Und: „Die Betriebsführung der S-Bahn einschließlich Unterhaltung, Verkehrssicherung oder Nutzung aller S-Bahnstrecken nebst den dazugehörigen Anlagen, Einrichtungen und Betriebsmitteln wird vom gleichen Zeitpunkt an von einer vom Senat zu bestimmenden Stelle aus Berlin (West) wahrgenommen.“ Diese Stelle war die BVG.

Vom 145 km langen S-Bahn-Netz befuhr sie zunächst nur die Strecken Friedrichstraße–Charlottenburg und Anhalter Bahnhof–Lichtenrade. „Vorläufig“ eingestellt wurden zum 9. Januar 1984 die Strecken Charlottenburg–

---

53 Verkehrsgeschichtliche Blätter, Berlin, 1/1992, Seiten 13 ff.

54 Dietrich Hinkefuß vom Senat und Herbert Meißner. Meißner war Leiter des Tarifamtes der DR, dann Leiter der Verkehrspolitischen Abteilung bei der Ständigen Vertretung der DDR in Bonn, seit 1983 Leiter der Abteilung Internationale Angelegenheiten II im Ministerium für Verkehrswesen der DDR.

Die Losung „Masseneinfluß ständig erweitern – Kampfkraft der Partei stärken – Vorwärts zum V Parteitag!“ (der SEW!) begleitete ein Fest bei der Hochbaumeisterei in West-Berlin (3. April 1977). Foto: Henschel

Altbautriebwagen der DR-S-Bahn und Neubaufahrzeug der BVG in Berlin-Wannsee (15. August 1992) Foto: Erich Preuß

Wannsee, Anhalter Bahnhof–Frohnau und Lichterfelde Süd–Heiligensee. Zwischen Lehrter Stadtbahnhof und Friedrichstraße fuhr aber Reichsbahnpersonal die Züge, und dabei blieb es bis 1992. Warum die DR das BVG-Personal nicht nach dem Bahnhof Friedrichstraße fahren ließ, muß Spekulationen vorbehalten bleiben. Zu vermuten ist, daß man diesen West-Berlinern nicht mehrmals täglich das Grenzkontrollsystem vorführen wollte – ein Hauch von Scham oder ein Akt des Mißtrauens?

Am 2. Juli 1990 war es wieder möglich, S-Bahn-Züge auf dem Bahnhof

Friedrichstraße durchgehend verkehren zu lassen.[55] Seitdem fahren S-Bahn-Züge der DR und deren Personal auch auf den von der BVG betriebenen Gleisen. Genauso BVG-Züge nach Ost-Berlin, nicht aber deren Triebwagenführer. Sie werden in Lehrter Stadtbahnhof vom DR-Personal abgelöst. Die BVG-Triebwagenführer lehnten es ab, ohne Zahlung eines Zuschlags „im Osten" Streckenkenntnis zu erwerben. Das DR-Personal erwarb diese Kenntnis, ohne nach Zuschlägen zum Gehalt zu fragen...

Noch eine Besonderheit: Der Zugang zum S-Bahnhof Wollankstraße war nur von West-Berlin aus möglich, der Bahnhof lag aber auf Ost-Berliner Gelände. Folglich übernahm die BVG nicht die Stelle der Aufsicht, diese wurde von der DR besetzt (Mutterbahnhof Friedrichstraße).

Der Senat verpflichtete sich seinerzeit, 1984 der DDR für die Aufwendungen 3,4 Millionen DM (1,1 Millionen DM für den Verkehr Friedrichstraße–Anhalter Bahnhof, 0,5 Millionen DM als Beteiligung für die mit der DR genutzten Stellwerke in West-Berlin und 1,8 Millionen DM für die betriebsbereite Konservierung des Nord-Süd-Tunnels unter dem Bahnhof Friedrichstraße) zu überweisen. 600 der 672 DR-Eisenbahner, die ausschließlich mit der S-Bahn zu tun hatten, wurden von der BVG übernommen. Bei dieser Gelegenheit wurde der verworrene Status des der Öffentlichkeit nicht zugänglichen Verkehrs- und Baumuseums im ehemaligen Hamburger Bahnhof beendet.

Richard von Weizsäcker, Vogels Nachfolger als Regierender Bürgermeister, wertete den Abschluß der Verhandlungen als „wichtigstes Ereignis für Berlin und die Ost-West-Beziehungen". Am Silvesternachmittag nutzten knapp 2 000 Fahrgäste die S-Bahn-Züge auf den vom nächsten Tag an stillgelegten Strecken zu einer Abschiedsfahrt. In Frohnau und Heiligensee formierten sich Proteste, und am 9. Januar 1984 setzte der Sturm auf die S-Bahn ein, die an diesem Tag zum Null-Tarif fuhr. 20 000 sorgten für einen Ansturm, wie ihn die S-Bahnhöfe seit dem Mauerbau nicht erlebt hatten und der erst in den denkwürdigen Novembertagen 1989 übertroffen werden sollte.

Massive Bürgerproteste erreichten, daß die Linien von Anhalter Bahnhof nach Wannsee und nach Frohnau wieder in Betrieb genommen werden mußten. Zu Beginn des Jahres 1989 hatte die S-Bahn wieder täglich über 120 000 Fahrgäste.

Ganz versteckt fand sich in der 1. Märzausgabe 1990 der West-Berlin-Ausgabe der „Fahrt frei", Zeitung der Eisenbahner, die Mitteilung, daß am 15. März 1990 „die Verantwortlichkeit der BZGL Eisenbahn Berlin für den Organisationsbereich West-Berlin" endete. Die Eisenbahner waren Mitglied der neuen Gewerkschaft der Eisenbahner (GdED) geworden, die sich aus der Industriegewerkschaft Transport- und Nachrichtenwesen heraus gebildet hatte.

---

55 Seit diesem Tag entfielen in Berlin auch die Ausweis- und Zollkontrollen, die ohnehin seit der Grenzöffnung mehr und mehr lasch gehandhabt wurden.

8 LENIN HALF BEI FROST UND SCHNEE

Wofür alles gekämpft wurde

„Hochverehrter Genosse Erich Honecker! Von der zentralen Festveranstaltung zum ‚Tag des Eisenbahners' 1989 in der Stadt des Schwermaschinenbaus Magdeburg, mit dessen Kombinaten und Betrieben die Eisenbahn in der fast 40jährigen Geschichte unseres Arbeiter-und-Bauern-Staates zuverlässig zusammenarbeitet, entbieten wir Ihnen und allen Mitgliedern der Partei- und Staatsführung unsere herzlichsten Kampfesgrüße.

Wir danken Ihnen für die uns in der Grußadresse des Zentralkomitees zuteil gewordenen Glückwünsche und hohe Anerkennung unserer Arbeit. (...)

Die in den Kampfprogrammen der Parteiorganisationen von den Genossen, im von der Gewerkschaft geführten sozialistischen Wettbewerb von allen Kollegen und im ‚FDJ-Aufgebot DDR 40' von den Mitgliedern der Freien Deutschen Jugend in Auswertung der 7. Tagung des Zentralkomitees der SED übernommenen Verpflichtungen sind ehrenvoll eingelöst und in ausgewählten Positionen überboten worden."

Seit Honeckers Machtantritt war es üblich geworden, zu jedem sich bietenden Anlaß solche von dem jeweils obersten Agitator und Propagandisten der Politischen Verwaltung der DR verfaßten Briefe unter anderem den Teilnehmern der zentralen Festveranstaltung zum „Tag des Eisenbahners" (am 1. Junisonntag) zu verlesen. Noch schwülstiger war die Dankesrede eines der neugekürten Verdienten Eisenbahners, die zwei Wochen zuvor vor dem Spiegel in der Politischen Verwaltung geübt worden war!

Jahr für Jahr das gleiche Ritual. In den Brief wurde alles gesteckt, was die Genossen der Politverwaltung weniger „nach oben" als zur moralischen Aufrüstung „nach unten" loswerden wollten. Kaum jemand dürfte die Ergebenheitserklärungen verglichen haben, wer wollte sie schon lesen? Sie ähnelten sich im Wortlaut und waren angereichert um das, was propagandistisch gerade im Schwange und von der Politoligarchie erwünscht war.

Im Juni 1989 – fünf Monate vor der „Wende" – formulierten die Genossen in

Der Tender wirbt in Salzwedel für die neue DDR-Verfassung (19. Mai 1973).
Foto: Schütze

Der „Saßnitz-Expreß“ nach München war in der um Anerkennung als eigenständiger Staat buhlenden DDR eine wichtige Angelegenheit. Hier beginnt eine Pressefahrt (13. März 1955).
Foto: ZBDR

Bis Ende der fünfziger Jahre bot der Zugfunk in vielen Regel-Schnellzügen Information und Unterhaltung. Elisabeth Mücke in einem Zugfunkabteil (26. Februar 1957).
Foto: ZBDR

der Politischen Verwaltung der DR: „Aufbauend auf diese stabile politische Lage und die entwickelte Kampfatmosphäre bereiten die Mitglieder der Partei-, FDJ- und Gewerkschaftskollektive mit neuen Initiativen und anspruchsvollen Leistungen den 40. Jahrestag der Gründung der Deutschen Demokratischen Republik mit Blick auf den XII. Parteitag der SED vor." Vom unerschütterlichen Vertrauensverhältnis und Optimismus in die auf das Wohl des Volkes gerichtete Politik „unserer" Partei war die Rede.

Daß die Agitatoren im 40. Jahr der DDR ihr Pulver verschossen hatten, lag sicherlich nicht nur am Auseinanderklaffen von Anspruch und Wirklichkeit, sondern auch daran, daß sich die von der Sowjetunion übernommenen Formen der ideologischen Einwirkung auf die Bevölkerung verschlissen hatten.

Bei den Veröffentlichungen aus der Nachkriegszeit fällt – ungeachtet des starken sowjetischen Einflusses – eine bestimmte Sachlichkeit bei der Darlegung wirtschaftlicher Ziele auf. Die Spruchbänder, Wandzeitungen, die Losungen an den Lokomotiven (vorherrschend: „Deutsche an einen Tisch!") hatten aber bereits damals die Eisenbahner amüsiert. Viele Eisenbahner nahmen den propagandistischen Rummel nicht zur Kenntnis und stellten sich unabhängig von Fahnen und Transparenten dem Wiederaufbau. Sie räumten die Kriegstrümmer weg und ermöglichten wieder einen Eisenbahnbetrieb, wenn auch mit Provisorien und Einschränkungen.

Wenn 1950 behauptet wurde, „über 2 700 gewerkschaftliche Aufklärungsgruppen leisten täglich ihre Aufklärungsarbeit, um auch den letzten Eisenbahner von der Bedeutung der Wahlen am 15. Oktober zu überzeugen" (die erste Wahl mit einheitlicher Kandidatenliste aller „demokratischen Parteien und Massenorganisationen", tatsächlich jedoch von der SED dominiert), so ist gewiß nicht jeder Eisenbahner – schon gar nicht der „letzte" – von solch einem Trupp heimgesucht worden, aber die Zeitungsnotiz verrät, daß die „Umerziehung" nottat.

Bereits 1950 wurden die sogenannten Wahlen mit Produktionsverpflichtungen vorbereitet. „Friedensschichten" und den Wettbewerb (nicht zu verwechseln mit „Konkurrenz"!) sah die Einheitsgewerkschaft als die wichtigste Aufgabe an. Die amerikanischen Kriegstreiber, die Bonner Revanchisten, die anglo-amerikanischen und westdeutschen Agenten und Geheimdienste – das waren die Gegner der fünfziger und sechziger Jahre, die den Eisenbahnern eingehämmert wurden. Mit den Jahren wechselten die Begriffe, die Bonner wurden zu Ultras, der Klassenkampf verschärfe sich immer mehr, wurde behauptet.

Es galt die Losung: „Nach dem demokratischen Aufbau, der Schaffung der Grundlagen des Sozialismus, mit der Vollendung der sozialistischen Gesellschaft schreitet die DDR in die kommunistische Zukunft" – für den einfachen Mann sollte es nie genügen, etwa ganz selbstverständlich die Arbeit zu tun und Geld zu verdienen. Heerscharen von aus den Partei- und Staatskassen und auch zu Lasten der DR-Betriebskosten gut bezahlten Parteiarbeitern und Mitarbeitern „des Apparats" waren unterwegs, um die Register der Agitation und Propaganda zu ziehen. Eines galt unumstößlich: Der Parteifunktionär sprach immer die Wahrheit, an seinen Worten durfte nicht gezweifelt oder gerüttelt werden. Mancher behauptete sogar, er sei die Partei! Verräterisch waren die Sprüche: „Die Partei erwartet von Dir ..." oder „Wir von der Partei sind der Meinung ..." Über nichts Dienstliches konnte, sollte und durfte allein sachlich diskutiert, geschrieben oder berichtet werden, immer waren der feste Klassenstandpunkt entscheidend und die politische Klarheit. Und immer war „wegweisend" vom jeweils letzten SED-Parteitag auszugehen.

Als während einer Lagebesprechung bei der Rbd Cottbus ein Mitarbeiter der Oberdispatcherleitung auf die vielen Ausfälle der sowjetischen Diesellokomotive V 200 wegen der undichten Panzerschläuche aufmerksam machte, wurde ihm sogleich unterstellt, er wolle die Lokomotiven nur deshalb diskreditieren, weil sie aus der Sowjetunion kämen (siehe dazu auch Abschnitt 2). Damit wurde unterbunden, über technische Abhilfe zu sprechen. Zu jeder dienstlichen Besprechung, zu jedem Referat, zu (fast) jedem Zeitungsbeitrag gehörte der politisch-ideologische Vorreiter. Viele Informationen und Wahrheiten konnten nur versteckt genannt werden, und der DDR-Bürger beherrschte die Kunst, sich nicht nur vertrackt auszudrücken (Reden in der 3. Person, wenn er sich selbst meinte – „Man fährt ja gern an die Ostsee." –, Vorsprüche, wie „Ich möchte mal so sagen", der Verlautbarungsstil – „Unsere Menschen pflegen hier frohe Stunden zu verbringen"), er verstand es zudem, zwischen den Zeilen zu lesen. Den wenigen Bürgern der Bundesrepublik Deutschland, die sich für die Verhältnisse in der DDR und bei der DR interessierten, bereitete es viel Mühe, unter dem propagandistischen Bombast die Nachricht, die Neuigkeit zu finden. Was sollten sie von solchen Formulierungen halten: „An der Spitze aller unserer Bemühungen und Anstrengungen steht die Verpflichtung, den erstmalig von der Regierung der Deutschen Demokratischen Republik als Gesetz verabschiedeten Volkswirtschaftsplan 1950 vorfristig zu erfüllen."[56] Oder: „Das entscheidende Instrument zur Verwirklichung unserer anspruchsvollen Ziele ist der sozialistische Wettbewerb und der Kampf um den Ehrentitel ‚Kollektiv der sozialistischen Arbeit'."[57]

Gekämpft wurde viel, auch in friedlichen Zeiten, nicht nur in den Kampfgruppen der Arbeiterklasse, sondern in Kampfberatungen wurde Kampfposition bezogen, bei Kampfatmosphäre, mit Kampfzielen, in Kampfprogrammen, bei Kampfappellen, unter Kampfgefährten. „Der Kampf um jede Wagenstunde ist auf vielen Dienststellen in vollem Gange. Beharrlichkeit und die kontinuierliche Zusammenarbeit mit den Transportkunden führten zu einer rationelleren Abwicklung des Transports ..."[58]

56 Wilhelm Bachern, Staatssekretär im Ministerium für Verkehr der DDR, in: Verkehr 2/1950

57 Programm der Zentralen Leitung der DR, der Politischen Verwaltung der DR und des Zentralvorstandes der Industriegewerkschaft Transport- und Nachrichtenwesen zur Vorbereitung des 40. Jahrestages der Gründung der DDR

58 Fahrt frei, Berlin, 8/1978

Mit den Jahren und Generationen hatten sich die Eisenbahner an diesen propagandistischen Rummel gewöhnt. Das gleiche, von Schmunzeln und Ablehnung durchmischte Erstaunen, das die Altbundesbürger beim Lesen der eben angeführten Sprüche beherrschte, fand sich bei den Eisenbahnern in der sowjetischen Besatzungszone und in der DDR wieder, wenn sie von den

Die Blockstelle Geschling (Strecke Erfurt–Nordhausen) wurde in der Zwischenauswertung zum 1. Halbjahr 1968 bei der Verschönerung der Bahnanlagen genannt. Über der Tür: „Unser Ziel: Unfallfrei". Foto: Ellguth

Solche Symbole mit dem Flügelrad und dem Wunsch nach guter Reise waren in den Bahnanlagen oft zu sehen. Wenn irgendwo in Thüringen zur Einheit aufgerufen wird, muß es in den fünfziger Jahren gewesen sein. Foto: Sammlung Schütze

Die Jugendlokomotive „V. Parteitag“ und ihre Lokmannschaft

Die „Straße der Besten“ war auf vielen Dienststellen üblich. Ein Spaßvogel im Bahnbetriebswerk Dresden hatte dazu die Lokomotive 03 001 gekürt (etwa 1985). Foto: Schütze

sowjetischen Neuerermethoden lasen. In den fünfziger Jahren war ihnen gelehrt worden, daß alle möglichen Erfindungen von einem Russen kamen, auch die der Dampflokomotive. Die westliche Welt habe davon nur deshalb nichts erfahren, weil das russische Volk bis 1917 so unterdrückt worden war und die Herrschenden in Petersburg von den Erfindern und Erfindungen nichts in die westliche Welt dringen ließen.

Dafür galten alle Arbeitsmethoden als fortschrittlich, die aus der UdSSR kamen, und waren folglich nachzuäffen. Der Leipziger Fachbuchverlag, in den fünfziger Jahren alleiniger Verleger von Eisenbahnfachbüchern, brachte es auf eine stattliche Zahl von sowjetischen Titeln, aus denen der staunende Leser erfuhr, wie man den Eisenbahnbetrieb fortschrittlich zu organisieren oder Lokomotiven zu putzen hatte. Betriebswirtschaft und Arbeitsorganisation in Bahnbetriebswerken konnte der deutsche Eisenbahner von Sochatschewski lernen, Erfahrungen mit dem beschleunigten Durchlauf der Züge vermittelte die Stalinpreisträgerin Koroljowa. Zeitgemäß riet der Fachbuchverlag angesichts der von der UdSSR desolat zurückgegebenen Reparationslokomotiven in einem Buch über Anlagen der elektrischen Zugförderung: „Das Buch ist eine wertvolle Ergänzung unserer deutschen Literatur, da die Erkenntnisse und Erfahrungen der sowjetischen Autoren wertvolle Hinweise beim Wiederaufbau der elektrischen Zugförderungsanlagen in der DDR geben können."

Güterwagen wurden nicht mehr nach dem Bahnhofsbedienungsplan alter Prägung in die Anschlußgleise und zur Ladestraße gefahren, sondern nach der Mamedow-Methode. Die Dampflokomotiven wurden nicht, wie früher selbstverständlich, einfach geputzt, sondern nach der Lunik-Methode gepflegt. Des Dienstvorstehers Vorzimmerdame befreite nicht mehr ihre Schreibmaschine vom Staub, sondern wandte die Methode der Nina Nasarowa an. Wer sich nicht nach der Bassow-Methode richtete, lief Gefahr, beim Kuppeln verletzt zu werden. Auch ein Kowaljow, Kutafin und Mamai sollten Vorbilder für die Eisenbahner der DR sein. Fehlerfrei zu arbeiten, war dem Eisenbahner erst möglich, seitdem sie ein System aus Saratow übernahmen.

Dann wurde viel Aufmerksamkeit dem „Persönlichen" zugewandt: die persönliche Pflege und die „persönlich-schöpferischen" sowie „kollektiv-schöpferischen" Pläne! Banales wurde zu großartigen Verpflichtungen und Führungsbeispielen aufgeblasen, wie die Reinigung der Bahnhofshalle und des Vorplatzes beispielsweise im „Beschluß der Vertrauensleute des Bahnhofs Senftenberg zur Führung des sozialistischen Wettbewerbs ..." 1984 und des Bahnhofs Riesa 1985.

Dazu kamen unzählige Kampagnen und Initiativen. Nach dem Bau der Mauer 1961 sollte das „Produktionsaufgebot" höhere Produktionsleistungen bringen. Wie das bei einem Stellwerksmeister, dem nichts anderes übrig blieb, als auf die Züge und Rangierfahrten zu warten? Auch er durfte sich dem Plan, aufgeschlüsselt auf jede Schicht und jeden Mann, nicht entziehen

Der erste Containerzug ist im Überseehafen Rostock angekommen (Mai 1968). Foto: ZBDR

und hatte am besten mit einem Gegenplan (natürlich mit Zielen über der staatlichen Planvorgabe) zu reagieren. Das nannte sich „Ausdruck unserer Demokratie" und charakterisierte angeblich das Bewußtsein der Eigentümer zu ihren Produktionsmitteln.

Bis zum 13. August 1961 konnte der, dem es zu bunt wurde, die Koffer pakken und mit dem Freifahrschein nach Berlin reisen. Ungeachtet der schriftlichen Verpflichtung, die er beim Empfang jeden Fahrscheins mit Ziel oder Weg über Berlin abzugeben hatte, er werde die Westsektoren nicht betreten, setzten sich einige ab (man konnte beim Freifahrantrag auch ein unverfängliches Ziel angeben), der Vorsteher vom Bahnbetriebswerk Zittau nahm sogar den Inhalt seines Panzerschrankes und sämtliche Türschlüssel mit.

Die Masse hoffte, es werde eines Tages anders kommen, und harrte aus. Erst nach dem Mauerbau 1961 entschloß sie sich zum Mehr-oder-weniger-Mitmachen. Diejenigen, die sich verweigerten, empfanden den 13. August 1961 als das Ende ihrer Hoffnungen, schwiegen und erlebten, wie die „bewußten" Genossen den Sieg feierten. Die „Fahrt frei", Zeitung der Eisenbahner, spiegelt die internen Vorgänge bei der DR im Jahre 1961 nur partiell wieder.

Zum Jahresbeginn 1961 beschloß das Kollegium des Ministeriums für Verkehrswesen, sich eine Übersicht über die für die Eisenbahn notwendigen Importe zu verschaffen. Die „Störfreimachung" trieb ihre Blüten! Am 4. Juli begann die Kampagne zum von Chrustschow angekündigten Friedensvertrag. 28 Eisenbahner antworteten „spontan" auf den Friedensplan mit – Verpflich-

Rote Ecke im DR-Stahlbau Dessau Foto: Kroker

tungen zu hohen Produktionsleistungen! Spät, Mitte Juli, erwähnt die „Fahrt frei“ erstmals den „Flüchtling“, der ja zur „Schutzwall-Aktion“ der Warschauer Vertragsstaaten im August 1961 beitrug. Die Parallele zu 1989 drängt sich auf, denn 1961 meldete der RIAS seit Monaten steigende Zahlen von Flüchtlingen, die Zugbegleitkommandos der Transportpolizei (ZBK) in den Zügen durchforschten jeden Zug in Richtung Berlin nach Abtrünnigen, aber die Zeitungen schwiegen zum Thema „Republikflucht“. Redakteur W. berichtete jetzt von der Bezirksdelegiertenkonferenz der Gewerkschaft in Magdeburg: „Der Frieden wird am Arbeitsplatz entschieden.“ (...) „Republikflucht ist in jedem Falle Feindarbeit.“ Diese beiden Feststellungen zogen sich wie ein roter Faden in der widergegebenen Diskussion.[59] Am 8. August wandte sich Minister Kramer an die Leser: „An alle Eisenbahner! Auf dem Felde friedlicher Tätigkeit werden wir dem deutschen Militarismus seine endgültige Niederlage bereiten.“ Neben einem kleinen Beitrag „Kampf gegen Menschenhandel“ finden wir Berichte aus einem West-Berliner Flüchtlingslager und von einem Verfahren vor dem Obersten Gericht (Oberreferent L. und Zugschaffner L. waren wegen Menschenhandels verurteilt worden). Auf der Doppelseite appellierte die Redaktion: „Es gilt den Frieden zu gewinnen“, und Brigadelokführer Günter T. vom Bahnbetriebswerk Cottbus behauptete: „Meine Hand (ist) am Regler des Staates“.

Dann war es geschehen. G. der stellvertretende Chefredakteur, kommentierte den Mauerbau mit der Überschrift: „Der Bart ist ab“. Am 15. August würdigte Kramer die Einsatzbereitschaft der Eisenbahner, Politchef Menzel schrieb einen Offenen Brief: „Es wird keinen Krieg geben.“ Trotzdem wurde „gekämpft“: „60 km Gleis in 60 Tagen“ (zum Bau des S-Bahn-Gleises auf dem Berliner Außenring), „Die Eisenbahner als Patrioten im Einsatz“ (die bewährten Kämpfer der Kampfgruppen der Arbeiterklasse). Waren es bis 1960 vor allem die Aufbauhelfer und die Aktivisten der ersten Stunde, von denen mehr oder weniger spontane Taten für die Sache des sozialistischen Aufbaus erwartet wurden, wandte sich die „Partei- und Staatsführung“ (bis 1975 nannte man sie die führenden Repräsentanten von Partei und Regierung) den Jugendlichen, der jungen Generation, den Jungaktivisten zu, den Mitgliedern der Freien Deutschen Jugend, der „Vorhut der Partei“, und einige Parteifunktionäre begeisterten sich über die besonders bewußte Eisenbahnerjugend.

Wie die Parteiaktivtagungen und Anfang der fünfziger Jahre die Verkehrskonferenzen sorgten die Jungeisenbahnerkonferenzen (noch mehr deren Vorbereitung) für ein wenig Aufregung. Geld und Schrott wurden gesammelt, Zusatzschichten auf dem „Konto Junger Sozialisten“ erfaßt, damit eine und dann noch eine Dampflokomotive (23 1020)[60] „zu Ehren des V. Parteitages

---

59 Fahrt frei, Berlin, 29/1961
60 Sie trug an der Rauchkammertür das Stahlgußschild „Jugendlok V. Parteitag“.

der SED" 1958 und durch „Beschluß der Eisenbahnerjugend am 18. Juli 1958 ein Doppelstockgliederzug, der ‚Expreß Junger Sozialisten'", finanziert werden konnten. Letzterer fuhr am 24. Juli 1959 mit ausgesuchten Jugendlichen zu den VII. Weltfestspielen nach Wien. 1961 sollte der „Dg 1961 beladen" werden, und auf der Magdeburger Jungeisenbahnerkonferenz am 2. und 3. März 1961 hieß es: „ ... bis jetzt sind 600 t am Zughaken, für die vorgesehene Buchfahrplanlast von 1500 t, die dieser Dg am Zughaken hat, wurde ein Drittel der Verpflichtungen bereits realisiert." Wieder ein Neubau: Die Jugendlichen beschlossen, einen Touristenzug, den „Tourex", zu finanzieren.

Jugendobjekte (1987 angeblich bei der DR deren 6005!) waren immer in Mode, die die Leiter nach Kräften zu fördern hatten. So wurde die gesamte Zittauer Schmalspurbahn zum Jugendobjekt, ohne daß man dessen Sinn erkennen konnte. 1978 übergab Präsident Karl Hetz den jungen Eisenbahnern vom Bahnbetriebswagenwerk Leipzig Hbf die Wagen der Leipziger S-Bahn als Jugendobjekt. 63 Jugendbrigaden (mit insgesarnt 1 100 Freunden) fühlten sich für die neue Schnellbahn verantwortlich, schrieben die Zeitungen. Bisher waren 97 Verpflichtungen als „Frachtbrief zu Ehren des 20. Jahrestages der DDR" abgegeben worden. Der Wertumfang betrug 850 000 Mark. Was wurde nicht alles an "Wertumfang" addiert? Riesige Summen – danach, was gespart, erwirtschaftet, an Werten geschaffen wurde, mußte die DDR das reichste Land der Welt sein. Zurück nach Leipzig: Die FDJler des Bww Leipzig Hbf beschlossen auf ihrer Wahlversammlung, die Pflege der Züge zu übernehmen. Wer hätte das für möglich gehalten?

Dem konnten die Elektriker dieser Dienststelle nicht nachstehen. „Zwei Tage Planvorsprung beim Jugendobjekt ‚Automatische Türschließer' stehen schon auf ihrem Konto."[61]

Lenin-Jahr, Karl-Marx-Jahr, die Kampagnen zur Vorbereitung des soundsovielten Parteitages der SED, die Vorbereitungen zu den diversen Jahrestagen der DDR, zu den Volkswahlen, zu den Parteiwahlen (die immer Sache des gesamten Volkes sein sollten!), zu den Gewerkschaftswahlen – immer gaben die Parteiorganisatoren im SED-Zentralkomitee dem unmündigen Volk neue Höhepunkte vor, bis zu dem sich die Werktätigen in größeren Eifer versetzen sollten.

1969, das Jahr zum 20. Jahrestag der DDR, wurde zum „Jahr der großen Initiative" ausgerufen. Jeder mußte sich etwas einfallen lassen, zumindest der Opportunität wegen (die übrigens keine Erfindung des Sozialismus ist!) mußte man glänzen. Es fehlte nicht an Zahlengeklirr, das sich über die Leser der „Fahrt frei" ergoß: „8,8 Millionen Mark kommen zusätzlich aus Dresden" (imaginäre Summen abstrakter Rechnungen – E. P.). „Jährlich werden 50 000 Patienten betreut" (im Betriebsambulatorium des Reichsbahnausbesserungswerks „Wilhelm Pieck" Karl-Marx-Stadt). „Bis 1969 waren 10 000 Kollek-

61 Fahrt frei, Berlin, 7/1969

tive mit 166 000 Mitgliedern, die um den Ehrentitel ‚Kollektiv der sozialistischen Arbeit' kämpften, 896mal damit ausgezeichnet worden." Und zum 40. Jahrestag war der „Kampf" um diesen Ehrentitel noch immer „das entscheidende Instrument zur Verwirklichung unserer anspruchsvollen Ziele".

Vor dem 20. Jahrestag der DDR war gerade das Lenin-Jahr zu Ende. Lenin half den Eisenbahnern selbst gegen Frost und Schnee! „Den Eberswaldern hatte der vergangene Winter große Schwierigkeiten bereitet. Daher wurde im Dienstort schon in der Wettbewerbsetappe zum 20. Jahrestag und darüber hinaus im Wettbewerb zu Ehren des 100. Geburtstages W. I. Lenins große Aufmerksamkeit dem kommenden Winter gewidmet", schrieb ein Fahrt-frei-Redakteur.

Die Cottbuser Initiative (Unregelmäßigkeiten im Zuglauf aufzuschreiben, besser, sie zu analysieren, was meist vergessen wurde) mit den „Notizen zum Plan" war ein Steckenpferd des Cottbuser Präsidenten H. Leider stießen die „Notizen zum Plan" in den Nachbardirektionen nicht auf Gegenliebe, obwohl 1978 „1 180 Dienstplangemeinschaften nach der Initiative der Dienstplangemeinschaft 9 des Bahnbetriebswerks Cottbus" verfuhren, um Energie einzusparen. Gegen Schad- und Differenzwagen halfen die Garantiepässe und ihre Erklärungen; nur nahm der Anteil der nicht beladefähigen Leerwagen in den Kohlenzügen immer mehr zu. Viele Züge fuhren zu einem Drittel Luft spazieren, weil die Wagen mit Löchern im Boden oder wegen anderer Mängel nicht beladen werden konnten, aber auch nicht ausrangiert wurden. Am 21. September 1982 blieben ab Kohlen-Versandbahnhof Sabrodt deshalb in vier Zügen 70 Wagen leer.

Das System der fehlerfreien Arbeit, die Beispiellösungen und Initiativdienststellen, die diversen Qualitätskontrollverfahren (1978 auf 250 Dienststellen das Saalfelder – Zugbildung –, auf 40 Dienststellen das Rostocker – Personenverkehr) konnten nicht den Widerspruch zwischen Traum und Wirklichkeit verhüllen. Gekämpft wurde um die „Dienststelle der vorbildlichen Qualität", um das „Vorbildliche Schrankenwärterkollektiv", um die „Unfallfreien Zeiträume", beladen wurden der „Schwerlastzug der guten Taten", der „Express DDR 30", „Express DDR 40", gekämpft um das „Goldene Flügelrad", das „Grüne Signal". Nicht zu vergessen der „Rote Oktober" (60 Jahre Oktoberrevolution). Das war auch eine Gelegenheit, Freundschaftsverträge abzuschließen, z. B. zwischen der Greifswalder Offiziersschule und der Rbd Greifswald. „Beide Partner betrachten die (...) Aufgaben des Freundschaftsvertrages für die neue Periode als integralen Bestandteil ihrer Wettbewerbsprogramme zur würdigen Vorbereitung des 30. Jahrestages unserer Republik. Die Themenkreise sind präzisiert. Die Vorbereitung des 25jährigen Bestehens der Kampfgruppen werden wir besonders durch Nutzung unserer geistig-kulturellen Möglichkeiten unterstützen. Für die Besten des Rbd-Bezirks in der FDJ- und GST-Arbeit sowie in der vormilitärischen Ausbildung werden wir einen ‚Treff beim General' vorbereiten. Vorgesehen ist auch ein gegenseitiger Austausch von Sportlerdelegationen."[62] Genau das brauchten wohl die Eisenbahner zu dieser Zeit?

Als 1978 der Rbd-Bezirk Berlin von Wagen überlief, holten Minister Kramer und Politleiter Menzel die Eisenbahner auf die Berliner Rangierbahnhöfe. Auch Kollege Heinz K. vom Bahnhof Berlin-Schöneweide hatte sich – natürlich freiwillig – gemeldet. „Leider läßt sein gegenwärtiger Gesundheitszustand den Einsatz im Rangierdienst nicht zu. Der Arzt sagte: ‚Vielleicht in zwei Monaten.' Den Aufruf beantwortete er, indem er um Aufnahme in die Partei der Arbeiterklasse bat."[63]

Überhaupt: **die** Partei. Die „Entwicklung freier, selbsttätiger, denkender Menschen", ein Grundsatz Fröbels, „ist heute die Norm, das erklärte Ziel" der Betriebsschule des Reichsbahnamtes Saalfeld (1978!). Neben vielerlei Zahlen wurde behauptet: „69 von ihnen (von 73 Lehrern und Erziehern – E. P.) sind übrigens Mitglied der Partei der Arbeiterklasse – eine gewaltige Kraft, die der politisch-ideologischen Erziehung zugute kommt!"[64]

Zur ständigen Einrichtung wurde die Verleihung von Wanderfahnen (aller halben Jahre), des Ehrenbanners des Zentralkomitees der SED. Zuerst war es die FDGB-Wanderfahne der Bahnbetriebswerke, die quartalsweise dem „besten Bahnbetriebswerk" zugesprochen wurde, 1950 dem Bahnbetriebswerk Vacha, das 20 Prozent Kohlen eingespart hatte. Minister Reingruber würdigte dort am 29. April 1950, daß 85 Prozent der Belegschaft im Leistungslohn arbeite und zwei Drittel im innerbetrieblichen Wettbewerb stünden. Wenn das kein Grund zur Auszeichnung war!

Später mutierte die Wanderfahne zu der des Ministerrates der DDR und des Bundesvorstandes des FDGB und wurde halbjährlich an fünf Dutzend Betriebe verliehen, darunter jeweils an vier Dienststellen oder Betriebe der DR. Das alles genügte noch nicht, und so schufen sich die Kreisleitungen der SED, die Rbd und andere Institutionen weitere Symbole. Bereits 1950 stellte Roman Chwalek, damals Eisenbahner-Gewerkschaftschef, fest: „Bei der Vielzahl und der Eigenart der Eisenbahnbetriebe und zur Entfaltung einer besseren Wettbewerbsbewegung reichen diese zentralen Arbeitswanderfahnen nicht aus." Deshalb wurden weitere Arbeitswanderfahnen in jedem Rbd-Bezirk gestiftet. Saß man in einer Veranstaltung, in der die Ergebnisse irgendeiner Arbeitsmethode gewürdigt wurden, war man je nach Mentalität gewohnt oder überrascht, daß ganz neue, unbekannte Methoden und Symbole in die Diskussion („Torgauer Initiative", „Pasewalker Initiative", „Freiberger Initative", Christoph-Wehner-Methode, „Goldene Lokomotive", „Goldenes Q" – was war das?) eingebracht wurden.

Man war auch nie der Anlässe wegen verlegen, propagandistische Höhe-

---

62 Fahrt frei, Berlin, 4/1978
63 Fahrt frei, Berlin, 27/1969
64 Fahrt frei, Berlin, 12/1978

Brigade II „Friedrich List" des Magdeburg-Thüringer Bahnhofs in Leipzig wurde zum zweiten Mal mit dem Staatstitel „Kollektiv der sozialistischen Arbeit" ausgezeichnet (24. September 1964). Foto: Illner

punkte fanden sie sich stets. Daß der elektrische Zugbetrieb zwischen Halle und Köthen wiederaufgenommen wurde, war dem 10. Jahrestag der „Übergabe der Eisenbahn in Volkes Hand" zu danken. Und damit der erste Containerzug von Dresden-Neustadt Gbf nach Rostock Überseehafen fahren konnte, war ein runder Geburtstag Walter Ulbrichts notwendig!

Man darf aber nicht sagen, daß alle Eisenbahner diesen Kampf- und Auszeichnungsrummel abgelehnt hätten. Einige wußten vor lauter gesellschaftlichen Aktivitäten gar nicht mehr, wofür sie eigentlich bezahlt wurden, und das angenehmste war ihnen, wenn eine Beratung die andere ablöste, nur die an sich vorgesehene Tätigkeit war unwichtig. Die Masse der Eisenbahner nahm diese Erscheinungen eher abgestumpft oder belustigt zur Kenntnis. In den Auszeichnungslisten („Ehrentafeln") war unter den höheren Orden und Ehrenzeichen immer der gleiche Personenkreis vertreten. Die Raumpflegerin, der Schlosser, der Rangiermeister und der Lokomotivführer unter den „Verdienten Eisenbahnern" dienten der sozialen Kosmetik. Für das untere Volk reichte es zum „Aktivisten der sozialistischen Arbeit" und 200 M Prämie.

Am liebsten hielten sich die Politfunktionäre unter den „Genossen Kämpfern“ auf, den Mitgliedern der Betriebskampfgruppen, wo dann stets von „... kampfstark und gefechtsbereit“ die Rede war. Robert Menzel, Leiter der Politischen Verwaltung, in einem Bahnbetriebswerk (1973).

Erhard Thiele, Leiter der Abteilung Recht, empfängt als Kampfgruppenkommandeur des Ministeriums für Verkehrswesen vor der Deutschen Staatsoper Berlin die Truppenfahne (1972).

Funktionäre und gesellschaftlich aktive Leiter hangelten sich indes von einem Vaterländischen Verdienstorden zum nächsten (VVO in Bronze, Silber, Gold, Ehrenspange zum VVO). Auch Dorothea Mittag, Ehefrau des in den Westmedien seinerzeit gepriesenen SED-Wirtschaftsexperten Günter Mittag, zuletzt Honeckers Stellvertreter, die sich halbtagsweise als Kaderbearbeiterin in der Abteilung für Internationale Angelegenheiten I des Ministeriums für Verkehrswesen verwirklichte, erhielt zum Erstaunen vieler Eisenbahner die Ehrenspange.

Einigermaßen populär blieben die ersten Helden der Arbeit Paul Heine (Lokomotivführer, Amtsvorstand Rba Senftenberg, Vorsteher Bw Engelsdorf) und Karl Fritsche (Lokomotivführer, Zentralvorstand der Industriegewerkschaft Eisenbahn). Ihr Verdienst war es, trotz der braunkohlengefeuerten Lokomotiven mit Schwerlastzügen Kohlen eingespart und die Zahl der störungsfrei zurückgelegten Kilometer erhöht zu haben. Obwohl die Bedingungen für diese Fahrten und der Aufstieg dieser „Helden" stets umstritten waren, blieb ihnen die Popularität.

Beliebt und vom ehrlichen Bemühen getragen waren 1953 die Wettbewerbe um die „Grüne Strecke" (Pünktlichkeit) sowie in den fünfziger Jahren um den „Schönsten Bahnhof", bis auch diese Bewegungen von der Ideologie ertränkt und schematisiert wurden. Saubere Anlagen und Blumen genügten plötzlich nicht mehr; Spruchbänder mußten aufgezogen, Rote Ecken eingerichtet und Punkte im Nationalen Aufbauwerk (NAW), später in der Volkswirtschaftlichen Masseninitiative (VMI), abgerechnet werden. Der einst begeisterte Schrankenwärter verstand das nicht mehr.

Der Schluß, die Eisenbahner hätten sich an den „Kämpfen um..." aus Mangel an Aufgaben beteiligt, wäre voreilig. Für Überstunden und Sonderschichten (dem Dienstregler oder dem Chef zuliebe, auch wegen der Aufbesserung des kargen Gehalts) waren die meisten zu haben. Auch als in anderen Betrieben die sozialen und sanitären Einrichtungen sowie andere Vergünstigungen einen deutlich höheren Standard erfuhren, begehrten die wenigsten auf.

Was von den DR-Eisenbahnern verlangt wurde, geht aus den Zahlen des 1. Abschnitts hervor, sofern Zahlen ein schlüssiges Bild ergeben können. Daß der Personalaufwand bei der DB geringer war, lag nicht am fehlenden „Kampfgeist" der Reichsbahner, sondern an der kläglichen Infrastruktur ihrer Bahnverwaltung (siehe 1. Abschnitt) und an Aufgaben (Eigenbau von Fahrzeugen, Verlegung von Gleisnetzen in den Braunkohlenwerken usw.), die die DB entschieden abgelehnt hätte.

9 RELIKTE VON VORGESTERN

Privat-, Klein- und Schmalspurbahnen in der DDR

Nach dem Zweiten Weltkrieg hatte die Deutsche Reichsbahn mit ihren Schmalspurbahnen (das waren die in Sachsen und die Strecken Eisfeld–Schönbrunn sowie Bad Doberan–Ostseebad Kühlungsborn West) die wenigsten Schwierigkeiten, den Betrieb wieder aufzunehmen, denn an ihnen war weniger zerstört worden als auf dem Normalspurnetz, auch nicht an den Fahrzeugen. In der Verkehrsnot der Umsturzzeit, wie die Leute damals sagten, waren die Schmalspurbahnen unentbehrlich.

Wenn der gleich nach dem 8. Mai 1945 ausgehängte Fahrplan provisorischer Natur war, lag das am Kohlenmangel. Auf anderen Strecken zwang der von den sowjetischen Stellen angeordnete Rückbau, wie Taubenheim (Spree)–Dürrhennersdorf im August 1945 und Herrnhut–Bernstadt (Oberl) am 1. Oktober 1945, für dauernd oder vorübergehend zur Einstellung des Zugverkehrs. Zwischen Zittau Vorstadt und Kurort Oybin mußte vom 26. November 1945 an das zweite Gleis abgebaut werden, mehr als ein Dutzend Lokomotiven ging als Reparation in die Sowjetunion. Damit man in Zittau noch fahren konnte, mußten Lokomotiven der sächsischen Gattungen IV K und VI K aus dem Erzgebirge zum Bahnbetriebswerk Zittau umgesetzt werden. Vom 21. Mai 1945 an war es möglich, mit einer Lokomotive wenigstens zwei Zugpaare zu fahren.

Neben der Deutschen Reichsbahn gab es eine Vielzahl von Privat- und Kleinbahnen[65], die aus verschiedenen Gründen, zum Teil ungesetzlich und mit Vorwänden (indem sie als Vermögen von Rüstungsproduzenten und Kriegsverbrechern deklariert wurden!), von den Länderverwaltungen beschlagnahmt wurden: in Brandenburg 29, in Mecklenburg (und Vorpommern) 13, in Sachsen 3, in Sachsen-Anhalt 35, in Thüringen 15. Grundlage war dafür der Befehl Nummer 124 der SMAD vom 6. Mai 1945 oder – bei den

65 Zum Begriff: Rammelt, Fiebig, Preuß: Klein- und Privatbahnarchiv 1, Berlin, 1989

drei Privatbahnen in Sachsen – der Volksentscheid über die Enteignung der Nazi-und Kriegsverbrecher. Aufsichtsräte und Vorstände dieser Aktiengesellschaften bestanden nicht mehr oder nur noch in den westlichen Besatzungszonen, von wo sie schüchterne Proteste gegen die Zwangsmaßnahmen einlegten. Die Treuhandschaft sowie die Bau- und Betriebsleitung wurde entweder dem bisherigen Betriebsleiter übertragen oder einem neuen, wenn der alte wegen seiner Mitgliedschaft in der NSDAP untragbar oder auch sonst bei Belegschaft, sowjetischer Kommandantur oder KPD-Organisation unbeliebt geworden war.

Außer den bereits genannten Bahnen war ein Teil des Privat- und Kleinbahnnetzes auf Anordnung der sowjetischen Armee abgebrochen und in Richtung UdSSR abtransportiert worden, z. B. 179 km von 214 km Gleis der Mecklenburg-Pommerschen Schmalspurbahnen sowie die Strecke Kriele–Rathenow. Andererseits waren die verbliebenen Klein- und Privatbahnen, ob normal- oder schmalspurig, unentbehrlich, um die Verkehrsbedürfnisse zu stillen, denn an einen Kraftwagenverkehr war zu dieser Zeit nicht zu denken. Deshalb hatte die SMAD mit dem erwähnten Befehl auch befohlen, bestimmte Strecken wiederaufzubauen. Seinerzeit wäre zu überlegen gewesen, sie gleich in Normalspur herzustellen, aber dafür fehlte es an Material, so daß improvisiert werden mußte. An Stelle der 1947 demontierten Normalspurstrecke Glöwen–Havelberg kam 1948 eine Schmalspurstrecke, gewonnen aus Gleisen der Strecke Viesecke–Kreuzweg der Ostprignitzer Kleinbahn. Mit altbrauchbaren Schwellen und Schienen der Werkbahn der Dessauer Junkers-Werke wurden die Strecken Gernrode (Harz)–Harzgerode und Alexisbad–Straßberg der fast ganz demontierten Gernrode-Harzgeroder Eisenbahn wiederaufgebaut, der erste Zug fuhr am 16. Mai 1949.

Seit 1945 erfuhren die Betriebsleiter der Privat- und Kleinbahnen von Bestrebungen, ihre Bahnen zu Länderbahnen zusammenzufassen oder sie in die DR einzugliedern. Ihnen und ihrer Belegschaft schlug das Herz für die Eigenständigkeit, manch einer von ihnen rechnete vielleicht mit einer kurzen Phase der Nachkriegszeit, dann werde der alte Zustand wiederhergestellt. Aus solchen Erwägungen schrieben sie an die Reichsbahndirektionen und an die Deutsche Wirtschaftskommission, es sei besser, nur bestimmte Bahnen „zu verreichlichen". Einer erklärte: „Nur vollspurige Kleinbahnen, welche eine entsprechende Bedeutung haben, und deren Lage (Verkürzung des Weges) die Übernahme durch die Reichsbahn wünschenswert erscheinen läßt, sollten verreichlicht werden. Dagegen müßten alle übrigen, vor allen Dingen alle schmalspurigen Bahnen, in eigener Verwaltung wie bisher weitergeführt werden, sei (es) als Aktien-Gesellschaft, sei es als Landesbahnen, und zwar – wie ebenfalls bisher – unter technischer Aufsicht der zuständigen Reichsbahndirektionen."[66]

66 Witthöft, Bau- und Betriebsleiter der Mecklenburg-Pommerschen Schmalspurbahn, an die Reichsbahndirektion Greifswald vom 20. August 1946

Tabelle 9
Verzeichnis der Eisenbahnen des öffentlichen Verkehrs, über die die Deutsche Reichsbahn am 1. April 1949 die Nutznießung und Verwaltung übernahm

Name der Bahn	Normal- (N) oder Schmalspur (S)	Name der Bahn	Normal- (N) oder Schmalspur (S)
Land Brandenburg		*Land Mecklenburg-Vorpommern*	
Brandenburgische Städtebahn*	N	Neubrandenburg-Friedländer Eisenbahn*	N
Ruppiner Eisenbahn*	N	Mecklenburg-Pommersche Schmalspurbahn	S
Altlandsberger Eisenbahn	N	Greifswalder Bahnen	N
Buckower Kleinbahn*	N	Mecklenburgische Bäderbahn*	N
Königs Wusterhausen-Mittenwalde-Töpchiner Eisenbahn*	N	Boizenburger Stadt- und Hafenbahn*	N
Lehniner Kleinbahn	N	Franzburger Bahnen*	N
Neukölln-Mittenwalder Eisenbahn*	N	Demminer Bahnen	S
Oderbruchbahn	N	Rügensche Kleinbahnen*	S
Osthavelländische Eisenbahn	N	Kleinbahn Neuhaus–Brahlstorf*	N
Strausberg-Herzfelder Kleinbahn	N	Kleinbahn Anklam–Lassan	S
Teltower Eisenbahn	N	Greifswald-Grimmener Eisenbahn	N
Niederlausitzer Eisenbahn*	N	Stralsund-Tribseeser Eisenbahn	N
Spreewaldbahn	S	Kleinbahn Casekow–Penkun–Landesgrenze	N
Eberswalde-Finowfurter Eisenbahn*	N		
Kleinbahn Freienwalde–Zehden	N	*Freistaat Sachsen*	
Kleinbahn Brandenburg–Röthehof	N	Kleinbahn Horka–Priebus*	N
Kleinbahn Beeskow–Fürstenwalde*	N		
Kreiskleinbahn Rathenow–Senske–Nauen	S	*Land Sachsen-Anhalt*	
Kleinbahn Luckenwalde–Jüterbog	S	Dessau-Wörlitzer Eisenbahn*	N
Dahme-Uckroer Eisenbahn*	N	Halberstadt-Blankenburger Eisenbahn*	N
Prenzlauer Kreisbahn*	N	Nauendorf-Gerlebogker Eisenbahn	N
Kleinbahn Klockow–Pasewalk	S	Neuhaldenslebener Eisenbahn	N
Prignitzer Kreiskleinbahn	S	Bebitz-Alslebener Eisenbahn	N
Schönermark-Dammer Eisenbahn*	N	Eisenbahn Bergwitz–Kemberg	N
Kleinbahn Gransee–Neuglobsow	N	Gardelegen-Haldensleben-Weferlinger Eisenbahn*	N
Ruppiner Eisenbahn*	N		

Name der Bahn	Normal- (N) oder Schmalspur (S)	Name der Bahn	Normal- (N) oder Schmalspur (S)
Eisenbahn Heudeber-Mattierzoll*	N	Delitzscher Eisenbahn	N
Könnern-Rothenburger Eisenbahn*	N	Eisenbahn Neuburxdorf-Mühlberg*	N
Eisenbahn Osterburg-Pretzier	N	Genthiner Eisenbahn	N
Eisenbahn Schildau-Mockrehna	N	Kleinbahn Goldbeck-Werben	N
Wallwitz-Wettiner Eisenbahn	N	Halle-Hettstedter Eisenbahn*	N
Eisenbahn Wolmirstedt-Colbitz	N	*Land Thüringen*	
Kyffhäuser Kleinbahn	N	Esperstedt-Oldislebener Eisenbahn*	N
Prettin-Annaburger Eisenbahn*	N	Greußen-Ebeleben-Keulaer Eisenbahn	N
Salzwedeler Kleinbahnen*	N	Weimar-Berka-Blankenhainer Eisenbahn*	N
Kleinbahnen des Kreises Jerichow	S	Kleinbahn Erfurt-Nottleben	N
Kleinbahn Wegenstedt-Calvörde	N	Eisenbahn Hohenebra-Ebeleben*	N
Zschornewitzer Kleinbahn	N	Obereichsfelder Eisenbahn	N
Dessau-Radegast-Köthener Kleinbahn	S	Gera-Meuselwitz-Wuitzer Eisenbahn	S
Marienborn-Beendorfer Kleinbahn	N	Eisenbahn Mühlhausen-Ebeleben*	N
Oschersleben-Schöninger Eisenbahn	N	Wutha-Ruhlaer Eisenbahn	N
Osterwieck-Wasserlebener Eisenbahn*	N	Weimar-Groß Rudestedter Eisenbahn	N
Stendal-Tangermünder Eisenbahn*	N	Kleinbahn Pappenheim-Brotterode*	N
Gernrode-Harzgeroder Eisenbahn*	S	Schleizer Kleinbahn*	N
Nordhausen-Wernigeroder Eisenbahn*	S	Eisenbahn Arnstadt-Ichtershausen	N
Altmärkische Eisenbahn	N	Eisenbahn Ilmenau-Großbreitenbach*	N
Aschersleben-Schneidlingen-Nienhagener Eisenbahn	N	Wenigentaft-Oechsener Eisenbahn	N

* Strecke 1992 noch in Betrieb, exakte Abgrenzung zwischen Strecke, Anschlußbahn, Rangierstammgleis nicht möglich, zumal mitunter nur noch Streckenreste betrieben werden

Die ehemalige Lokomotive WERBEN der Spreewaldbahn mit der Betriebsnummer 09-26 der Landesbahnen Brandenburg in Cottbus

Vierenstraße an der Strecke Cranzahl–Kurort Oberwiesenthal (20. Februar 1976)
Foto: Reiner Preuß

Wohlklingend: Bahnhof Schmalzgrube an der Strekke Wolkenstein–Jöhstadt mit dem Hinweis „Wenn Fahrkartenausgabe geschlossen – Verkauf am Zuge" (12. Mai 1973).
Foto: Uhlemann

In Jaspisstraße (Strecke Meißen-Triebischtal-Wilsdruff/Lommatzsch) wird mit Hilfe der Rollwagen und der Umsetzanlage die unterschiedliche Spurweite überwunden (1966).

Die Wünsche und Vorschläge gingen an den politischen Zielen der sowjetischen Besatzung und der KPD bzw. SED vorbei: Es ging nicht um Wirtschaftlichkeit, sondern – bereits als Vorahnung sozialistischer Planwirtschaft – angesichts der Mangelsituation um die Gelegenheit, von Staats wegen in die Geschäfte der Bahnen eingreifen und befinden zu können, was wichtig ist und was nicht.

Zu diesem Zweck war bereits durch Befehl Nummer 17 der SMAD die Deutsche Zentralverwaltung für Verkehr errichtet worden, deren Aufgabe es war, den **gesamten Verkehr** innerhalb der sowjetischen Besatzungszone einheitlich

Drei Tage blieb dieser Zug bei Strehla im Schnee stecken (1966).
Foto: Scheffler

Am 20. September 1971 stürzte die Lokomotive 99 715 in Oberbobritzsch um – das von der Rbd Dresden ersehnte Ende der Strecke Klingenberg-Colmnitz–Frauenstein war gekommen. Foto: Fischer

zu führen. Der Präsident der Zentralverwaltung regte im November oder Dezember 1945 an, sämtliche Privat- und Kleinbahnen durch Erlaß eines Befehls der SMAD in den Besitz der DR zu überführen. Dem entsprach Generalmajor Kwaschnin von der SMAD nicht, gab sich aber verwundert, wieso in der sowjetischen Besatzungszone eine derartige Vielzahl und Vielfalt von Bahnen bestand, und ersuchte, man möge ihm eine Liste mit Begründungen für die Übernahme dieser Bahnen vorlegen.

Die Zentralverwaltung hatte zuerst 16 Bahnen im Auge, die als Verbindungsstrecken die Reichsbahnstrecken entlasten könnten. Aber Kwaschnin wünschte, daß auch die Bahnen in den Besitz der Reichsbahn übergeführt werden, die sich noch in Privatbesitz befanden. Hierdurch sollte der Zustand beseitigt werden, daß noch privatkapitalistische Interessen auf die Führung des Verkehrs Einfluß ausüben könnten.

Wie sich das bis ins Jahr 1949 hinzog, ist in /1/ beschrieben. Mit Anordnung der Deutschen Wirtschaftskommission vom 9. März 1949 übernahm mit Wirkung vom 1. April 1949 die DR die Verwaltung und Nutznießung von 110 Eisenbahnen und zwei Ausbesserungswerken, die zu den Kleinbahnen des örtlichen und zu den Privatbahnen des öffentlichen Verkehrs gehörten, zusammengefaßt: zu den nichtreichsbahneigenen Eisenbahnen des öffentlichen Verkehrs. Der 1. Januar 1950 war dann der Stichtag für die Inventarisierung der Fahrzeuge und Grundmittel, weshalb in der verkehrsgeschichtlichen Literatur mitunter fälschlich dieses Datum für die Übernahme der Verwaltung und Nutzung der Bahnen angegeben wird.

Am 28. Juni 1950 schloß Willi Kreikemeyer, Generaldirektor der DR, mit der Niederbarnimer Eisenbahnen AG einen Vertrag, nach dem der Übergabetermin der Bahnen Industriebahn Tegel–Friedrichsfelde, Berlin-Wilhelmsruh–Liebenwalde und Basdorf–Groß Schönebeck auf den 1. Juli 1950 festgesetzt wurde, obwohl die Aktiengesellschaft bestehenblieb. Dadurch konnte die DR diese Strecken in den geplanten Nördlichen Berliner Außenring einbeziehen.

Die DR übernahm erst am 1. Januar 1951 eine Bahn des vor 1945 nichtöffentlichen Verkehrs: die Waldeisenbahn Muskau (600 mm Spurweite).

Äußerlich änderte sich an den Verhältnissen wenig. Die neuen Fahrzeuganschriften wurden angebracht, nur zögernd kam es zu neuen Bahnhofsanschriften. Aber den leitenden Angestellten wurde meist gekündigt, und die Betriebsleitungen wurden aufgelöst. Die Bahnen unterstanden jetzt den Reichsbahnämtern und -direktionen.

47

N 11311 (70,3) B

Döbeln Nord—Lommatzsch

Höchstgeschwindigkeit 20 km/h
K 44. 7 u 8 (99^{51-60})

Mindestbremshundertstel Hbbr 60
Köbr 37

Last
- **Döb Nd—Kleinm 125 t**
- **Kleinm—Mert Gab 150 t**
- **Mert Gab—Lomm 90 t**

1	2	3	4	5	6	7	8	9	10	11
		Döbeln Nord	—	—	**347**					
1,3		**Gärtitz**	**352**	45	**437**	4,8	4,4			

Gärtitz—Mertitz Gabelstelle vereinfachter Nebenbahndienst

1	2	3	4	5	6	7	8	9	10	11	12	13
Entfernung km	Beschränkung der Höchstgeschw im Gefälle km/h	Bahnhöfe und Haltepunkte	Ankunft	Aufenthalt M	Abfahrt	planmäßige Fahrzeiten M	kürzeste Fahrzeiten M	Kreuzung mit Zug	überholt / wird überholt durch Zug	Einfahrt in Gleis	bei Einf: Halt od Höchstgeschw km/h	Zugaufmeldung durch
		Gärtitz	**352**	45	**437**							
4,2		Simselwitz ....(u)	**455**	4	**59**	18,2	13,1			1		
2,0		Mochau ▼ ....(u)	**506**	10	**516**	7,1	6,5			1		
2,4		Kleinmockritz ......(u)	**30**	20	**50**	13,5	8,6	1602		2	Halt	
1,4		Beicha ....(u)	—	×	**55**	5,1	4,7			1		
2,2		Lossen (bLommatzsch)(u)	—	×	**603**	8,0	7,2			1		
2,2		▼ Leuben-Schleinitz ...(u)	—	×	**11**	8,0	7,2			1		
1,7		Wahnitz ....(u)	—	×	**17**	6,0	5,5			1		
1,9		▼ Mertitz Dorf ....(u)	—	×	**25**	7,3	6,5			1		
0,6		▼ **Mertitz Gabelstelle**	**628**	10	**638**	2,9	2,5					

1	2	3	4	5	6	7	8	9	10	11
		Mertitz Gabelstelle	**628**	10	**638**					
2,0		**Lommatzsch**	**647**	—	—	8,8	7,0			
21,9				89,0		89,7	73,2			

Rangiermin nach Rangierdienstart 2: 70

Aus einer fernen Zeit: Buchfahrplanseite, gültig vom 18. Mai 1952 an

Die DR versuchte, so gut es ging, die Fahrzeuge bei ihren Fristuntersuchungen in den Reichsbahnausbesserungswerken dem Standard der DR-Fahrzeuge anzupassen, vor allem hinsichtlich der Beleuchtung, der Bremsen sowie der Zug- und Stoßvorrichtungen. Wo die Toiletten fehlten, wurden sie eingebaut. Beim allgemeinen Mangel an Fahrzeugen war aber nicht daran zu denken, daß es auf die Schnelle zu einer grundlegenden Modernisierung kommen konnte.

Auch die Anlagen blieben zunächst, wie sie übernommen worden waren. Sichtbar wurde das beim Übergang von den ehemaligen Privatbahn- und Kleinbahnanlagen zur Reichsbahn. In einigen Fällen fuhren die Züge jetzt bis zum Reichsbahn-Bahnsteig. 1950 wurde z. B. das Gleis der ehemaligen Oschersleben–Schöninger Eisenbahn zum Bahnhof Oschersleben (Rb) verlängert, der Kleinbahn-Bahnhof aufgegeben. In Görlitz wurde am 1. Juli 1948 der Bahnhof Görlitz West aufgegeben, die Züge von Weißenberg–Königshain-Hochstein fuhren jetzt in den DR-Bahnhof Görlitz. Allerdings war die Görlitzer Kreisbahn bereits am 1. Januar 1947 enteignet und der DR zugeschlagen worden. Bei den meisten anderen Bahnen blieb es beim separaten Bahnhofsteil, wie in Horka Nord, Stralsund Rb (das war der Bahnhofsvorplatz!), Erfurt West, Dessau Wörlitzer Bahnhof, selbst wenn das nicht immer eindeutig aus dem Kursbuch hervorging. Grundsätzlich blieb es bei der bisherigen Betriebsführung, so daß sich die Eisenbahner immer noch ein wenig als Privatbahner fühlten. Der Reisende mußte, etwa von Großbreitenbach kommend, in Ilmenau umsteigen, von Graal-Müritz in Rövershagen, von Falkenberg–Lukkau in Lübben Süd oder Lübben Nord, statt daß die in Lübben endenden Züge zum Hauptbahnhof geführt worden wären. Schüchterne Ansätze durchgehenden Betriebes gab es Mitte der fünfziger Jahre, z. B. Kurswagen Berlin–Frauenwald. Sonst aber mußte man in Rennsteig immer umsteigen. Die überkommenen Fahrplanprinzipien hielten sich, obwohl einige dieser Strecken hätten durchaus für die durchgehenden Züge genutzt werden können, zumal bis in die sechziger Jahre mehr oder weniger kuriose Zugläufe bestanden. Wie im Sommer 1965 D 138 und D 80 (Gegenrichtung D 79, D 137) von Rostock nach Leipzig bzw. Karl-Marx-Stadt über Güstrow–Plau (Meckl)–Pritzwalk–Neustadt (Dosse). Sie fuhren weiter über Nauen–Potsdam, aber nicht nach Berlin. Sie über die ehemalige Brandenburgische Städtebahn nach Rathenow und Brandenburg zu führen, hätte diese Strecke aufgewertet und für beide Städte einen Sinn gehabt. Aber es blieb in jedem Fall bis in die Gegenwart dabei, daß auf den ehemaligen Privat- und Kleinbahnen nur die weniger wichtigen Züge fuhren. Sie erschlossen ja die dünner besiedelten Regionen, obgleich einige von ihnen aus militärischen Gründen tragfähigen Oberbau erhalten hatten. Die ehemalige Niederlausitzer Eisenbahn Falkenberg–Lübben–Beeskow wurde bis 1980 sogar zur Hauptbahn aus gebaut, blieb aber betrieblich weiter Nebenbahn.

Daß die Fahrkarten viele Jahre nach 1949 doch die Bahnhofsnamen mit

Der letzte Personenzug nach Mügeln am 27. September 1975
Foto: Poitz

In Mügeln. Kuppelbäume heben ist schwer.
Foto: Erich Preuß

der Zusatzbezeichnung „Reichsb" oder „Kleinb" trugen und die Anschriften an den Bahnhofsgebäuden nicht so schnell und nicht so leicht zu tilgen waren, mochte man hinnehmen. Das Kurioseste war wohl, daß die Strecke Hettstedt–Heiligenthal, ehemals Halle-Hettstedter Eisenbahn, bei der Rbd Halle blieb, obwohl sie zwischen Heiligenthal und Schochwitz unterbrochen war und dadurch keine Verbindung zum übrigen Streckennetz des Rbd-Bezirks Halle bestand. Daß der Leiter des Bahnhofs Gerbstedt zum Dienstvorsteher-Seminar nach Halle nur mit dem Autobus gelangen konnte, wäre nicht der Erwähnung wert. Aber die Rbd Halle hatte ein kompliziertes System des doppelten Leerwagenausgleichs entwickelt, ließ mit dem Lkw die Oberbaustoffe zur Gleisinstandhaltung sogar von Merseburg heranfahren, und die Lokomotiven vom Bw Halle G kamen nur durch große Umwege in ihr Heimat-Bw. Wozu das? Nicht die große Liebe zur ehemaligen Privatbahn ließ die Rbd Halle eifersüchtig an diesem Bahnrest klammern, sondern die Zugfertigsteller-Reserve für den Güterbahnhof Halle (Saale), die der Bahnhof Gerbstedt vorhielt. Arbeitskräfte waren wie Goldstaub und rechtfertigten jeglichen Aufwand.

Ein ganz anderes Bild

Bis zur Verdieselung bei der DR hielt sich das Bild der Privat-und Kleinbahnen wie aus der Zeit vor dem Kriege. 1954 reiste ich von Zittau nach Elbingerode über Halberstadt–Blankenburg mit offenen Augen, aber ohne Kamera. Hier, auf der Rübelandbahn, der ehemaligen Halberstadt-Blankenburger Eisenbahn, verwirrten mich zunächst die Tenderlokomotiven der Baureihe 75. Sie sahen ganz anders aus als zu Hause in Sachsen. Den kurzen Personenzug zogen zwei Lokomotiven, Baureihen 75 und 95. Als wir in Michaelstein ausfuhren, kam ein Güterzug sogar mit drei Lokomotiven zu Tale.

1956 auf der Insel Rügen wieder das Erlebnis mit Wagen und Lokomotiven, die so gar nicht dem gewohnten Bild entsprachen. Viel später, eigentlich erst durch das „Verzeichnis der deutschen Dampflokomotiven" von Griebl und Schadow, wurde mir klar, welche Raritäten ich gesehen hatte. Erst der Leichttriebwagen sowie die Lokomotiven der Baureihen 106 (V 60), 110 (V 100) und 118 (V 180) vor zwei- und dreiachsigen Rekowagen sowie solchen der Gattung Bghw trugen zum uniformen Erscheinungsbild bei.

Bis 1965 gehörten die ehemaligen Klein- und Privatbahnen sowie die Schmalspurbahnen zur Normalität bei der DR. Sie waren, bis auf Ausnahmen, notwendige Verkehrsmittel, deren Berechtigung erst durch den Aufbau des Kraftverkehrs und die Zunahme der individuellen Motorisierung bezweifelt wurde. Die Ausnahmen waren solche Strecken, die vor 1965 bereits stillgelegt und abgetragen wurden, wie die sächsischen Schmalspurstrecken Goßdorf-Kohlmühle–Hohnstein, Eppendorf–Großwaltersdorf, Mosel–Ortmannsdorf, deren Schienen abgeblich für den Bau des Berliner Außenrings benötigt wurden.

Die 99 4532 von der ehemals privaten Thüringer Trusebahn verschlug es als Rangierlok nach Zittau ins Sächsische (2. Mai 1977).
Foto: Reiner Preuß

Als sich die Fenster noch öffnen ließen.

Übergabezug nach Zittau Süd in Zittau Hp (14. Mai 1973) Foto: Erich Preuß

99 1648 und 99 1653 in Mohorn. Die beiden Personenwagen und die zweite Lokomotive werden dem Personenzug Freital-Potschappel–Nossen mitgegeben, da die dortige Sparkasse einen Sonderzug bestellt hatte (11. September 1971). Foto: Reiner Preuß

Zu Beginn der sechziger Jahre waren die Zeit der Generalverkehrspläne und die Gelegenheit gekommen, an die Rationalisierung des Nebenbahnnetzes zu gehen. In den Reichsbahndirektionen wurden Gruppen Rationalisierung des Nebenbahnnetzes gebildet, der Verwaltung des Betriebs- und Verkehrsdienstes zugeordnet, die alle Untersuchungen in dieser Richtung koordinierten. In Vergleichsrechnungen wurden Kosten gegenübergestellt. Vordergründig sah man jedoch die Gelegenheit, mit der Streckenstillegung Arbeitskräfte zu gewinnen, die auf anderen Dienststellen dringend benötigt wurden. Hinzu kam, daß der zumindest seit Kriegsbeginn vernachlässigte Oberbau vor allem auf den Hauptbahnen instand gesetzt werden sollte, wofür die zentral geplante Kapazität ohnehin nicht ausreichte. Der bereits seinerzeit einsetzende Autofetischismus machte vieles möglich. Die kleinen Güterabfertigungen wurden geschlossen und die Flächenbedienung von Kraftverkehrsbetrieben übernommen.

Aber man wurde einen anderen Verdacht nicht los: Seit der Verabschiedung des „Gesetzes zur Verteidigung der DDR“ am 20. September 1961 setzte eine allgemeine Militarisierung des Lebens in der DDR ein. Dem VEB Güterkraftverkehr war sicherlich die Aufgabe einer strategischen Reserve zugedacht; dementsprechend sahen die Lkws vom Typ H 3 A oder H 6 A aus (u. a. Dachklappe im Führerhaus, Suchscheinwerfer, abblendbare Lampen, schußsichere Reifen). Die Erweiterung dieser Betriebe und Kombinate war auch ohne Nutzensnachweis gewollt, und jetzt benötigten sie Transportgut. Je mehr Autobusse, Mopeds, Motorräder fuhren, desto weniger Berufsverkehr kam auf die Bahn. Fuhren die Züge der Zittauer Schmalspurbahn 1961 mehr als 13 000 Millionen Bruttotonnenkilometer, so waren es 1987 noch nicht einmal 10 000. 1964 waren 453 682 Fahrkarten verkauft worden, 1974 mehr als 275 000, 1988 knapp über 200 000. Die Ausgabe von Zeitkarten für Arbeiter und Schüler ging rapide zurück, wie die Statistik des Bahnhofs Bertsdorf belegt: 1951 knapp 34 000, 1984 gerade noch 4451, 1988 nicht einmal die Hälfte davon!

Mitte 1960 filterten die erwähnten Nebenbahngruppen in den Reichsbahndirektionen jene Nebenbahnen aus, die stillgelegt werden sollten, und mit Hilfe der Staatsorgane (Rat des Kreises meistens) wurde das Stillegungsverfahren betrieben. In diesem Zeitraum, 1965 bis 1975, kam es bereits zu Mangelerscheinungen beim Kraftverkehr, dem es an Reifen, Ersatzteilen, vor allem an Fahrzeugen fehlte. Mit der Dieselverknappung Ende der siebziger Jahre war das Thema Stillegung von Neben- und Schmalspurbahnen ganz passé; im Gegenteil: Auf die Nebenbahnen kam zusätzlicher Güterverkehr. Wo wichtige Anschlußgleise lagen, das waren in aller Regel die der sowjetischen Armee und der Nationalen Volksarmee, wurde allenfalls der Reiseverkehr eingestellt, die Gleise aber erneuert. Nur noch wenige Gebäude deuten hier auf ehemalige Kleinbahnzeiten. So blieben die Strecken Mittenwalde–Töpchin, Brahlstorf–Neuhaus, Bebitz–Alsleben, Dessau–Wörlitz, Ebeleben–

Die Auffassung, die Fernverkehrsstraße 172 müsse verbreitert und deswegen auf der Strecke Freital-Hainsberg–Kurort Kipsdorf zumindest von Dippoldiswalde an der obere Abschnitt stillgelegt werden, hielt sich lange. Hier wartet in Obercarsdorf ein Sonderzug für Sportler auf den Zug von Kurort Kipsdorf (25. August 1977). Foto: Erich Preuß

Keula, Neuruppin–Paulinenaue, Nauen–Ketzin erhalten. Der ehemaligen Niederlausitzer Eisenbahn war „im Ernstfall" eine Rolle als leistungsfähige Umgehungs- und Ersatzstrecke für die Strecken um Berlin zugedacht. Auch die ehemalige Brandenburgische Städtebahn Belzig–Brandenburg-Altstadt–Rathenow–Neustadt (Dosse) erhielt wegen der vielen militärischen Objekte in ihrer Nähe guten Oberbau, der Abschnitt Treuenbrietzen–Belzig wurde zum Abstellen von Güterwagen genutzt, blieb aber erhalten. Diese Strecke entlastete auch die dichtbelegte Strecke Magdeburg–Wittenberge während der Elektrifizierung und anderer Bauarbeiten. Ich erinnere mich eines Gesprächs mit Sch., dem Stellvertreter des Verkehrsministers und 1. Stellvertreters des DR-Generaldirektors, im sogenannten Stabswagen zwischen Berlin und Schwerin 1988. Sch. hatte zu entscheiden, ob die Strecke Magdeburg–Wittenberge dreigleisig ausgebaut oder die ehemalige Städtebahn zumindest zwischen Brandenburg und Neustadt (Dosse) elektrifiziert wird. Die Wende 1989 hat diese Überlegungen gegenstandslos gemacht.

Ansonsten blieb es bei der Vernachlässigung der ehemaligen Privat-, Klein- und der Schmalspurbahnen, wenngleich auf Betreiben einzelner Mitarbeiter hie und da Neues eingeführt wurde. So betrieb Dr. Sch., Rbd Magdeburg, den Einbau von Rückfallweichen. 1979 lagen die ersten in Steinerne Renne und in Niedersachswerfen Ost. Für den zu erwartenden Kohlentransport für einen Betrieb in Silberhütte wurde der 1945 abgetragene Abschnitt Straß-

Bei Wolkenstein benutzte die 750 mm breite Schmalspurstrecke von Jöhstadt das 1 435 mm breite Normalspurgleis Flöha–Bärenstein mit (23. Juli 1976). Foto: Bauer

berg–Stiege der ehemaligen Gernrode-Harzgeroder Eisenbahn wiederaufgebaut (Wiedereröffnung am 30. November 1983) und mit einer Kehrschleife in Stiege sowie Rückfallweichen eine personalsparende und originelle Lösung gefunden. Hier wenden die Züge, ohne daß sie dazu anhalten müssen oder eines Weichenwärters bedürfen.

Doch in den Augen der stets gestreßten Leiter blieben insbesondere die Schmalspurbahnen ein lästiges Übel und das fünfte Rad am Wagen. Sie mußten als stets dankbares Feld für die Neuerer herhalten, die ihr Soll zu erfüllen hatten. In Zittau wurden, allein die Schmalspurbahn betreffend, von 1957 bis 1987 46 Neuerervorschläge eingereicht, die einen ökonomischen Nutzen von 496 650 Mark abwarfen.

Daß diese Strecken zu Höchstleistungen fähig waren und auch einmal über die Anhebung des technischen Standards hätte diskutiert werden können, zeigen die Transportleistungen anläßlich internationaler Meisterschaften im Zittauer Gebirge und im Rabenauer Grund am 24. August 1968. Als wiederholt die Fernverkehrsstraße 95 zwischen Bärenstein und Kurort Oberwiesen - thal gesperrt werden mußte, erwies sich die dortige Schmalspurbahn als sinnvoller Ersatz.

In Sachsen hätte man im Zittauer Gebirge, im Osterzgebirge und am Fichtelberg den Pkw-Verkehr zurückdrängen und die Schmalspurbahnen sinnvoll als Ersatz anbieten können. Solche Überlegungen wurden nicht angestellt

Der Auflauf in Kirchberg zum Verkehrsträgerwechsel – links stehen bereits die „Ikarus"-Autobusse – hätte der Strecke täglich gut getan. Doch die einen wollten nicht mehr viel Zeit mit der Fahrt in den Betrieb verlieren, und den anderen fehlten Phantasie und Möglichkeiten, wie man eine Schmalspurbahn modernisieren konnte (2. Juni 1973).
Foto: Meyer

oder unterdrückt, zumal die DDR aktiven Umweltschutz kaum kannte. Die „Salonwagen" in Freital-Hainsberg und in Cranzahl, die mehr auf Privatinitiative zurückzuführen waren, wurden kaum propagiert und nicht in das Marketing der Reichsbahndirektion Dresden einbezogen, sofern man vor 1990 von Marketing überhaupt sprechen kann.

Die technische Rückständigkeit offenbarte sich auf der Strecke Oschatz-Kemmlitz, wo erst 1987 die Heberleinbremse durch die Körtingbremse er-

Auch die Brücken der Strecke Wilkau-Haßlau–Carlsfeld, wie die bei Stützengrün, wurden „unter Dampf“ gern fotografiert.

Da war in Putbus schon mehr als eine Lokomotive unter Dampf: 99 4801, 99 4631, 99 4632, rechts kalt die 99 4802 (26. September 1976).
Foto: Heinrich

setzt wurde. Völlig überrascht zeigte sich E., Stellvertreter des DR-Generaldirektors, als ihm nach der Grenzöffnung westdeutsche Bürger plausibel machten, wie man das „Museum Deutsche Reichsbahn" in klingende Münze hätte umsetzen können.

Modernisierung nach Vorbild Schweizer Schmalspurbahnen? Dort bestand eine andere Einstellung zu öffentlichen Verkehrsmitteln und eine ungleich reichere materielle Grundlage, an die in der DDR nicht zu denken war. Wie wenig man selbst bei kleinsten Verbesserungen an den Kundennutzen dachte, zeigt die Episode auf der Strecke Putbus–Göhren, wo man 1987 im Winter Lokomotiven mit Dampfheizung (eine Novität für die Rügenschen Kleinbahnen!) an Wagen ohne diese Heizung, aber mit Ofenheizung, kuppelte. Wagen mit Dampfheizung dagegen wurden mit Lokomotiven ohne Dampfheizeinrichtung bespannt. Die Reisenden froren. Und in der Reichsbahndirektion Greifswald kümmerte sich niemand um diese Zustände fernab des täglichen „Transportkampfes".

So gab es bei den Schmalspurbahnen technisch (fast) immer nur bescheidene Verbesserungen, um zumindest weiter fahren zu können und sich dem Arbeitskräftemangel ein wenig anzupassen. Von den für die 750-mm-Spur in Sachsen und die Meterspur in Thüringen sowie im Harz beschafften Dampflokomotiven und den für die Harzquerbahn umgebauten Diesellokomotiven der Baureihe 110, dem Funknetz, einzelnen Lichtsignalen und wenigen Rückfallweichen abgesehen.

Schließlich setzte eine Not bei den Rollfahrzeugen ein, da sich die DR im Zusammenhang mit der Stillegung von sächsischen Schmalspurstrecken zu schnell zum Verschrotten dieser Fahrzeuge entschlossen hatte.

Die Stillegung der Schmalspurbahnen ging nicht widerstandslos vonstatten; in Einwohnerversammlungen und vor dem Kreistransportausschuß mußte die jeweilige Reichsbahndirektion begründet nachweisen, daß kein Verkehrsbedürfnis bestehe bzw. daß man es genausogut und noch besser mit Autobussen und Lkws befriedigen könne.

So begeistert einige ehemalige Reisende der Spreewaldbahn vom dichten Busverkehr waren, der sie fast bis vor die Haustür brachte, zog nach fünf Jahren der Katzenjammer ein: Einige Busfahrten waren gestrichen worden, die Kommunikation während der Fahrt und die Zuverlässigkeit der Bahn fehlten beim Autobus, der Fremdenverkehr in Burg war ohne „Spreewald-Guste", die die großen Reisegruppen brachte, ohnehin zurückgegangen. Die Meinung hielt sich, die Reichsbahndirektionen trügen bewußt mit Hilfe ungünstiger Zuganschlüsse dazu bei, daß vom Reisen in Schmalspurzügen abgesehen werden müsse.

Beispiele:

Strecke Klingenberg-Colmnitz–Frauenstein, Sommerfahrplan 1971: Abfahrt werktags 7 Uhr in Klingenberg-Colmnitz, kein Anschluß von Dresden und von Freiberg.

Tabelle 10
DR-Schmalspurbahnen, Stand 1. August 1973 und 1. April 1992

Strecken	Länge km	Spurweite mm	Situation bis 1. 4. 92
Cottbus Anschlußbahn[1]	2,2	1 100	14. 2. 83 in Normalspur
Waldeisenbahn Muskau	etwa 60	600	1. 4. 78 stillgelegt
Zittau – Kurort Oybin	12,2	750	besteht
Bertsdorf – Kurort Jonsdorf	3,8	750	besteht
Radebeul Ost – Radeburg	16,5	750	besteht
Freital-Hainsberg – Kurort Kipsdorf	26,3	750	besteht
Oschatz – Kemmlitz	17,7	750	besteht
Wolkenstein – Jöhstadt	23	750	21. 11. 86 stillgelegt[2]
Schönfeld-Wiesa – Papierfabrik	1	750	27. 9. 85 in Normalspur
Cranzahl – Kurort Oberwiesenthal	17,3	750	besteht
Meinersdorf – Thum	12,6	750	29. 9. 74 stillgelegt[3]
Schönheide Süd–Rothenkirchen (Vogtl.)	12,8	750	30. 4. 77 stillgelegt
Gernrode–Harzgerode/Straßberg	23,9	1 000	30. 11. 83 bis Stiege (14 km) verlängert, besteht
Wernigerode – Nordhausen	60,5	1 000	besteht
Drei Annen Hohne – Brocken	19	1 000	besteht
Eisfelder Talmühle – Hasselfelde	13,5	1 000	besteht
Bad Doberan – Ostseebad Kühlungsborn West	15,4	900	besteht
Putbus – Göhren (Rügen)	24,4	750	besteht
Industriebahn Halle	1	1 000	1991 stillgelegt

[1] zum Flugplatz der Nationalen Volksarmee, zur am 4. Januar 1970 stillgelegten Spreewaldbahn gehörend
[2] Personenverkehr Niederschmiedeberg – Jöhstadt am 14. Januar 1984, Wolkenstein – Niederschmiedeberg am 1. Oktober 1984 eingestellt.
[3] weiterhin noch Anschlußbahn Wilischthal – Papierfabrik

Strecke Wolkenstein–Jöhstadt, Sommerfahrplan 1971: Wolkenstein an 8.50 von (Karl-Marx-Stadt–) Flöha, ab 9.31 Uhr.
Sonnabends und sonntags Wolkenstein an 14.25 Uhr, Weiterfahrt nach Flöha (–Karl-Marx-Stadt) erst 15.57 Uhr möglich. Wolkenstein an 18.01 Uhr, Weiterfahrt nach Flöha erst 18.42 Uhr.
Im Winterfahrplan 1977/78: Wolkenstein an 8.39 Uhr von (Karl-Marx-Stadt–) Flöha, ab 9.35 Uhr, ab Wolkenstein außer sonnabends ab 18.55 Uhr, kein Anschluß von (Karl-Marx-Stadt–) Flöha.
Strecke Nordhausen–Wernigerode, Winterfahrplan 1990/91: Nordhausen an 10.11 Uhr beschleunigter Personenzug von Erfurt, Zug nach Wernigerode bereits 9.58 Uhr abgefahren.
Strecke Zittau–Kurort Oybin/Kurort Jonsdorf, Winterfahrplan 1977/78: Zug nach Kurort Oybin ab Zittau 13.26 Uhr, Eilzug von Dresden bereits 12.34 Uhr angekommen.
Im Jahresfahrplan 1990/91: Zug nach Kurort Jonsdorf ab 12.09 Uhr, Eilzug von Berlin bereits 11.02 Uhr angekommen.

Für Fernfahrten waren solche Fahrpläne unbrauchbar, der Fahrgast suchte sich den nächsten Autobus, und für den lokalen Verkehr blieb das Fahrgastaufkommen ungenügend. Man gewann den Eindruck, die Fahrpläne hatten lediglich internen Ansprüchen zu genügend. Dementsprechend fielen die Stellungnahmen auf kritische Zuschriften an die Redaktionen und die Eisenbahndienststellen aus. So wurde auch der Haltepunkt Teufelsmühle an der Strecke Zittau–Kurort Oybin (Ausgangspunkt für Wanderungen zum Töpfer und zum Robertfelsen) aus nicht nachvollziehbaren Gründen aufgelassen.

**Die einst für den Wismut-Bergbau gelieferte 99 2331 in der Ernst-Thälmann-Straße von Bad Doberan (29. März 1972), die 1990 in Molli-Straße umbenannt wurde.
Foto: Erich Preuß**

So kundenfeindlich man sich verhielt, so wenig aufgeschlossen zeigte man sich gegenüber den Eisenbahnern dieser Bahnen. Bei ihnen ließ sich auch kaum einer der Leiter sehen (Schwerpunkte waren immer die großen Rangierbahnhöfe, viele fühlten sich auch nur unter dem Trio Leiter der Dienststelle, Parteisekretär und BGL-Vorsitzender [Eisenbahnermund: „LPG"] wohl, die man auf großen Dienststellen nur gemeinsam antraf). Ich erinnere mich des Sch., Leiter des Rba Dresden, der auf die Bitte der „Fahrt frei" nach Dippoldiswalde fuhr, und sich dort überdrüssig einiger Sorgen der Eisenbahner annehmen sollte. Er konnte mir auf die Frage, wann er das letzte Mal auf Dienststellen dieser Strecke war, keine Antwort geben.

Eine der rühmlichen Ausnahmen erlebte ich zur Feier anläßlich 50 Jahre elektrischen Betriebes Müncheberg–Buckow am 14. Mai 1980, an der Dr. G., Vizepräsident S-Bahn der Rbd Berlin, (ohne die üblichen Polit- und Gewerkschaftsfunktionäre) teilnahm und auch die Eigentümlichkeiten dieser ehemaligen Kleinbahn zu würdigen wußte: „Nichts ist anonym, man kennt sich wie unter Freunden."

Kurzer Aufschwung

Die Nebenbahnen erfuhren im Zusammenhang mit der Ölkrise einen Aufschwung, als noch mehr Güter administrativ von der Straße auf die Schiene verlagert wurden. Einige von ihnen hatten als Umleitungsstrecke, besonders bei schwieriger Betriebslage, eine bestimmte Bedeutung.

Angesichts der unbefriedigenden Straßenverhältnisse und der fehlenden Umschlageinrichtungen war es für die Reichsbahndirektionen nicht einfach, eine Nebenbahn stillzulegen. Der Rat des Kreises ließ sich in der Regel den Aufwand für die Instandhaltung der Strecke und Fahrzeuge vorrechnen. Der war bei der jahrelangen Vernachlässigung der Strecke stets hoch. Ersatzinvestitionen sah die zentrale Planung ohnehin nicht vor. Auch mußte plausibler Ersatz für den Reise- und Güterverkehr angeboten werden. Wenn aber die Reichsbahndirektion nachweisen konnte, wie wenig betriebssicher solch eine Bahn war, konnte sich der Staatsfunktionär kaum verschließen, dem Stilllegungsantrag seinen Segen zu geben. Die umgestürzte Lokomotive 99 715 in Oberbobritzsch, der in einer Schneewehe steckengebliebene Zug zwischen Oschatz und Strehla – was konnte der Rbd Dresden Besseres geschehen? Am 27. Januar 1972 setzte das Reichsbahnamt Dresden eine Anzeige in die örtliche Tageszeitung: „Ab Dienstag, dem 1. 2. 72, wird die Strecke Oschatz–Strehla mit Zustimmung der Kreise Oschatz und Riesa aus technischen Gründen für den Reise- und Güterverkehr gesperrt." Als das Reichsbahnamt Zwickau die Strecke Schönheide Süd–Rothenkirchen (Vogtl) stillegte, lag bei der Reichsbahndirektion Dresden keine Genehmigung des Verkehrsministers vor, aber man duldete diesen Akt.

Mitunter war Rücksicht auf die Volksstimmung zu nehmen. Die Wochen vor den sogenannten Volkswahlen waren höchst sensibel und für Stillegungsmaßnahmen ungeeignet, wenn auch Eingabenschreiber in die Ecke der Querulanten gestellt („Was steckt da dahinter?"), Liebhaber der Schmalspurbahnen als Ewig-Gestrige beurteilt wurden. Hinhalten war die Methode. Deswegen wartete man mit der Stillegung 1984 der Strecke Wolkenstein–Jöhstadt bis nach den Wahlen, bei der Strecke Freital-Potschappel–Nossen wurde vorsorglich Schienenersatzverkehr eingeführt, ehe er auf den Linienverkehr überging (im Westen heißt das „Angebotsumstellung").

Objektiv gesehen mußte sich die DR entscheiden: moderner Betrieb auf den Nebenbahnen oder deren Stillegung. Das eine wie das andere war planwirtschaftlich und politisch nicht opportun. So blieb es bei partieller Modernisierung, Fahren auf Verschleiß und schleichender Stillegung – insgesamt gab das ein widersprüchliches Bild.

Die zahlreichen „Freunde der Eisenbahn" atmeten auf, als im Januar 1975 die „Ordnung für Eisenbahnmuseumsfahrzeuge"[67] veröffentlicht wurde, die auch definierte, was Traditionsbetrieb sei: „Der Traditionsbetrieb ist durch eine entsprechende Gestaltung der Anlagen und Einrichtungen sowie durch einen traditionsnahen Ablauf zu unterstützen." Er sollte vorrangig auf der Strecke Radebeul Ost–Radeburg und neben den fahrplanmäßigen Regelzügen durchgeführt werden.

Das war das Besondere gegenüber Museumsbahnen in anderen Ländern. Den Betrieb führte die DR neben ihrem Regelzugbetrieb aus, die Enthusiasten brachten sich durch unbezahlte Arbeit in der Freizeit ein, indem sie die Museumsfahrzeuge pflegten und/oder, vorher amtlich geprüft, den Dienst als Zugschaffner und Zugführer bei den Traditionszügen versahen. Rechnungen schrieben weder die Traditionsbahner noch die DR.

Als Touristikbahnen sollten nach Maßgabe des Ministeriums für Verkehrswesen, „unabhängig von ökonomischen Gesichtspunkten, aber zur Förderung der Touristik" folgende Schmalspurbahnen erhalten bleiben:
- Zittau–Kurort Oybin, Bertsdorf–Kurort Jonsdorf
- Freital-Hainsberg–Kurort Kipsdorf
- Cranzahl–Kurort Oberwiesenthal
- Gernrode–Harzgerode/Straßberg
- Nordhausen–Wernigerode, Drei Annen Hohne–Schierke
- Bad Doberan–Ostseebad Kühlungsborn West
- Putbus–Göhren (Rügen).

Auf diesen Strecken spielte die Traktionsart eine untergeordnete Rolle; selbst Dieselfahrzeuge wären hinzunehmen gewesen, Hauptsache war, die Bahn fuhr. Da aber der Import bulgarischer Wagen oder rumänischer Diesellokomotiven wegen fehlender Valutamittel nicht zustande kam, blieb die op-

---

67 Verfügungen und Mitteilungen des Ministeriums für Verkehrswesen, Teil Deutsche Reichsbahn, Nummer 4/5 vom 6. März 1979

**In Elend im gut kontrollierten Grenzgebiet des Harzes (Urlaub nur für Polizisten, Grenzer, Stasi): 99 0234 und 99 0240 (27. Februar 1981)
Foto: Schütze**

Die Kehrschleife und die Rückfallweichen gestatten den Zügen von Eisfelder Talmühle bzw. von Alexisbad zu wenden, ohne daß eine Weiche von Hand bedient werden muß.

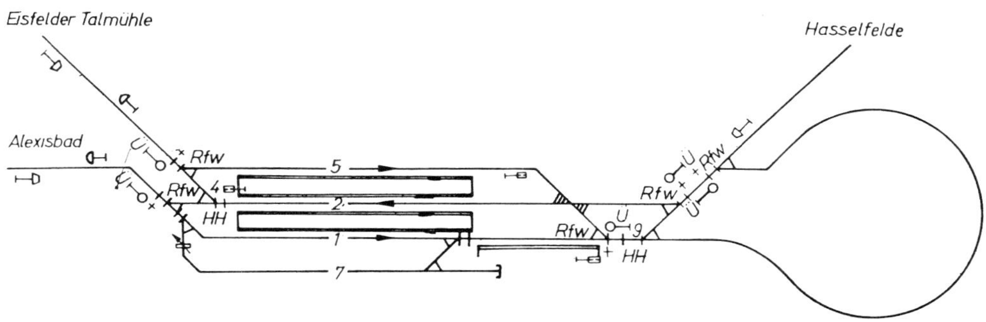

tisch wenig befriedigende Modernisierung der einzige Weg, um den Schmalspurbetrieb zu erhalten. Mit scheelen Blicken verfolgten die Schmalspurliebhaber die Modernisierung der Reisezugwagen-Gattung KB 4 in der Werkabteilung Perleberg des Reichsbahnausbesserungswerks Wittenberge mit standardisierten Bauteilen, wobei die Wagen Sprelacartverkleidung an den Wänden, häßliche, aus Stahlrohr gefertigte, unbequeme Sitzgestelle mit Sitzpolster aus Kunststoff und ebensolche Rückenlehnen erhielten sowie die gegen Zugluft so nützlichen Zwischentüren entfernt wurden. Die nicht mehr vollständig zu öffnenden Fenster (bei Wagen, in denen man die Landschaft genießen wollte!) wurden als Komfortverbesserung und Modernisierung gepriesen. „In den neuen fährt es sich bequemer auf den Schmalspurbahnen", hieß es in der „Fahrt frei".[68] „Der Eisenbahnfreund könnte nun vielleicht meinen, daß diese Vereinheitlichung der Reisezugwagen den Schmalspurbahnstrecken ihr arteigenes, typisches Gepräge raubt", zweifelt selbst der Redakteur, doch er gibt sich Schwung zum Jubel: „... die Vorteile, nämlich Standardisierung der

68 Fahrt frei, Berlin, 5/1980, Seite 7

Ausbesserungsarbeiten, vereinfachte Materialwirtschaft sowie rationellere Vorhaltung von einheitlichen Tauschteilen, gesenkte Instandhaltungskosten und vor allem verringerte Werkaufenthaltszeiten sprechen für die Modernisierung." Alles Vorteile nur für die DR, vom Reisenden kein Wort. „Wem all diese Vorteile nicht genügen, der muß sich mit den rund 40 Traditionswagen begnügen..." Auf Proteste gegen solche Wagen, die bei langsamer Fahrt nicht einmal die Frischluftzufuhr gestatteten, antwortete B., der Leiter der Hauptverwaltung des Betriebs- und Verkehrsdienstes der DR: „Da die Klappfenster beim Aufbau des erstern Wagens nicht in genügender Stückzahl zur Verfügung standen, mußte auf einen Festfensteranteil (50 Prozent) ausgewichen werden."[69] Dieser lächerlich erscheinende Vorgang erklärt vieles der mehr als 40 Jahre sozialistischen DR.

Über Nacht (am 3. Oktober 1990) – mit dem Beitritt der DDR zur Bundesrepublik Deutschland – änderte sich nichts für das sogenannte Nebennetz der DR; nur wurde neu definiert, wofür die Investitionen angelegt werden sollen:
2 800 km Hauptabfuhrstrecken,
2 400 km Nebenfernstrecken,
1 400 km Regionalverkehrsstrecken (zusammen 6 300 bis 6 400 km von bis dahin 7 500 km Hauptbahnen, 6 500 km Nebenbahnen, 270 km Schmalspurbahnen), was zur Reduzierung des Nebenbahnnetzes führen muß. Auch bisherige Hauptbahnen wurden ausgespart, und Kreisstädte gingen des Eisenbahnanschlusses verlustig, wie Annaberg-Buchholz und Zittau! Zu den Schmalspurbahnen soll jemand im Bundesministerium für Verkehr geäußert haben: „Für die Schmalspurbahnen keine Mark!" Sie weiter zu betreiben, sofern das überhaupt noch sinnvoll ist, soll künftig Angelegenheit der Region sein, auch bei den sonst immer staatseigenen sächsischen Bahnen.

1991 gingen bei der DR die ersten Ansprüche auf ehemalige Privat- und Kleinbahnen ein. Einigen Wirbel gab es um die Brockenbahn, wo sich eine Betreibergesellschaft das jetzt durch den Wegfall von Grenze und Sperrgebiet attraktivste Stück Eisenbahn herausschneiden wollte. Daß die ehemalige private Nordhausen–Wernigeroder Eisenbahn, wie die anderen ehemaligen Privat- und Kleinbahnen, nicht zum Sondervermögen des Bundes gehört, hat einige irritiert.[70] Nach den Vorgängen 1949 ist das aber nicht verwunderlich, zumal eine förmliche Enteignung dieser Bahnen nie stattgefunden hatte. Bereichsleiter M. in der Zentrale der DR brauchte 1991 einige Aufklärung über den Status dieser Bahnen. Sicherlich nicht nur er, denn in den mehr als 40 Jahren hatte sich darüber niemand Gedanken gemacht. Über den Sinn der Begriffe Verwaltung, Nutznießung und Eigentum schon gar nicht.

---

69 Fahrt frei 24/1977

70 Merkwürdigerweise machte sich das Bundesministerium für Verkehr dann doch die Auffassung zu eigen, die Bahn gehöre zum Sondervermögen des Bundes. Am 1. Februar 1993 ging die Betriebsführung von der DR auf eine Gesellschaft über, danach verhandelten das Bundesministerium und die Landesregierungen von Sachsen-Anhalt sowie Thüringen über den Eigentumsübergang.

10 VON BESENER BIS DÜRR

Die Generaldirektoren

Bei keiner Bahnverwaltung entscheiden die Eisenbahner, wer ihr oberster Chef wird, kaum vermag ein Generaldirektor die Eisenbahner direkt zu beeinflussen. Das Unternehmen mit dessem Chef zu identifizieren, ist in einem kleinen Betrieb möglich, nicht jedoch in einem solchen mit mehr als 200 000 Arbeitnehmern oder, wie es hieß, im größten Betrieb der DDR.

Einerseits blieben Namen von Generaldirektoren in der Erinnerung der Eisenbahner haften, selbst wenn diese ihn nie selbst kennengelernt hatten, sie woben Legenden über die Amtszeiten, andererseits wissen viele Eisenbahner nicht, wenn man sie fragt, wer ihr oberster Chef ist. Es interessiert sie nicht. Genausowenig, wer Präsident der Direktion ist. Der unmittelbare Vorgesetzte ist ihnen wichtiger.

Zu einem Rückblick auf mehr als vier Jahrzehnte Deutsche Reichsbahn gehört zumindest die Aufzählung der Generaldirektoren.

Am 10. August 1945 wies die SMAD an, in der sowjetischen Besatzungszone zwölf Zentralverwaltungen zu bilden. Eine davon war die Zentralverwaltung des Verkehrs, die in die Hauptverwaltungen der Deutschen Reichsbahn und die Generaldirektionen Wasserstraßen, Schiffahrt und Schiffbau sowie Kraftverkehr weiter untergliedert war.[71] An der Spitze der Hauptverwaltung und der Generaldirektionen standen je ein Generaldirektor. 1947 gingen die Zentralverwaltungen als Hauptverwaltungen in die neu geschaffene Deutsche Wirtschaftskommission (die von der SMAD organisierte Verwaltung durch Deutsche) ein. Dabei änderte die Hv der DR ihre Bezeichnung in Generaldirektion Deutsche Reichsbahn.

Am 7. Oktober 1949 wurde die DDR gegründet und mit ihr das Ministerium

71 Nach Erwin Kramer: Die Entwicklung des Verkehrswesens in der DDR, Berlin 1978, Seite 28f. Diese Darstellung wirkt widersprüchlich, denn aus der Zeitschrift „Der Verkehr“ 12/1950, Seite 153, geht hervor, daß Reingruber 1948 Leiter der Hauptverwaltung Verkehr der DWK wurde. Folglich gab es eine Hauptverwaltung für alle Verkehrsträger.

für Verkehr gebildet, dem die erwähnten Generaldirektionen unterstanden. Erster Minister für Verkehr in der DDR wurde Hans Reingruber (1888–1964).

Mit Bildung einer neuen Regierung am 30. April 1953 traten an Stelle des Ministeriums für Verkehr das für Eisenbahnwesen, daneben die Staatssekretariate für Schiffahrt und für Kraftverkehr. Am 26. November 1954 ging daraus das Ministerium für Verkehrswesen hervor.

Die Generaldirektoren der DR waren:
1946–1949 Willi Besener
1949–1950 Willi Kreikemeyer
1950–1970 Erwin Kramer
1970–1989 Otto Arndt
1989–1990 Herbert Keddi
1990–1991 Heinz Klemm (vom 1. Oktober 1990 an als Vorsitzer des Vorstands bezeichnet)
seit 1991 Heinz Dürr (Vorsitzer).

Obwohl Ende der siebziger Jahre in der DDR die „Memoiren" der „Aktivisten der ersten Stunde", die sozialistischen Chroniken und andere Geschichtsdarstellungen in Mode kamen, blieb vieles aus der Zeit bis 1949 und darüber hinaus bis zur sogenannten Entstalinisierung unbekannt. Kramer beispielsweise, dem für seine Memoiren extra ein Büro, Sekretärin, Pkw mit Fahrer angewiesen wurden, ging in seinem Buch „Entwicklung des Verkehrswesens in der DDR" sehr großzügig mit den Fakten um, verschwieg Namen, Vorgänger usw. Auch die Autoren von verkehrsgeschichtlichen Publikationen in der DDR, selbst wenn sie zur Wahrheit verpflichtete Wissenschaftler waren, hielten es nicht für wert, die Nachkriegsgeschichte an Namen festzumachen. Sie hatten ihren Grund dafür. Denn die spärlich überlieferten Vorgänge bis zu Kramer enthüllen, wie man in stalinistischen Zeiten mit Personen umging.

Willi Besener (1894–?)

Er wurde Eisenbahner im Bahnbetriebswerk Berlin Potsdamer Gbf und trat 1918 der SPD bei, betätigte sich als Gewerkschaftsfunktionär in der Reichsgewerkschaft der Eisenbahner, legte 1919 ein Ingenieurexamen ab.

Nachdem er 1933 entlassen wurde, richtete er ein eigenes Konstruktionsbüro ein. Nach dem Zusammenbruch gehörte er 1945 zu den Mitbegründern des FDGB und wurde im gleichen Jahr Präsident der Rbd Berlin. Unter dem Präsidenten der Zentralverwaltung für Verkehr, Dr. Fitzner, wurde Besener 1945 zum Vizepräsidenten berufen. Im Januar 1946 berief man ihn zum Generaldirektor der DR. Am 21. Januar 1949 meldete die Zeitung „Neues Deutschland": „Das Sekretariat der Deutschen Wirtschaftskommission hat in seiner Sitzung vom 19. Januar 1949 beschlossen, den Generaldirektor der Deutschen Reichsbahn, Besener, mit sofortiger Wirkung seines Postens zu entheben. Zu seinem Nachfolger wurde der bisherige Präsident der Reichsbahndirektion Berlin, Kreikemeyer, ernannt."

Deutschland-Ausgabe Brandenburg

NEUES

ZENTRALORGAN DER SO

4. Jahrgang / Nr. 17

Kreikemeyer – Leiter der Reichsbahn

Berlin, 20. Jan. (ND). Das Sekretariat der Deutschen Wirtschaftskommission hat in seiner Sitzung vom 19. Januar 1949 beschlossen, den Generaldirektor der Deutschen Reichsbahn, Besener, mit sofortiger Wirkung seines Postens zu entheben. Zu seinem Nachfolger wurde der bisherige Präsident der Reichsbahndirektion Berlin, Kreikemeyer, ernannt.

In den letzten Monaten hat sich in ständig wachsendem Maße herausgestellt, daß Generaldirektor Besener den an ihn zu stellenden Anforderungen in der Leitung der Reichsbahn — dieses für unsere Wirtschaft bei den bedeutend erhöhten Aufgaben des Zweijahrplanes wichtigsten Verkehrsträgers — nicht gewachsen war. Weder wurden rechtzeitig und vorausschauend die notwendigen organisatorischen, methodischen und operativen Maßnahmen zur Durchführung des Zweijahrplanes erkannt und ergriffen, noch wurde der gesamte Apparat der Reichsbahn arbeitstechnisch auf diese wichtige Aufgabe eingestellt.

Da unter Leitung des bisherigen Reichsbahndirektors Besener keine Garantie für die Erfüllung der großen Transportaufgaben der Reichsbahn gegeben war, mußte die personelle Änderung in der Leitung der Generaldirektion unverzüglich durchgeführt werden.

schaftskommission seit Jahresbeginn unter einer Verwaltung zusammengefaßt. Die neu gebildete zentrale Werkstättendirektion wurde den Reichsbahndirektionen gleichgestellt und erhielt alle entsprechenden Verwaltungsbefugnisse.

Auf Anordnung der zentralen Werkstättendirektion wurde die Reparatur von Triebwagen im Reichsbahnausbesserungswerk Wittenberge eingestellt und dem RAW Dessau übertragen. Auch die Reparatur von Güterwagen wird in Wittenberge eingestellt, so daß dieses Werk künftig nur noch mit der Überholung von Reisezugwagen beschäftigt sein wird.

Beleuchtete Züge in Thüringen

Erfurt, 20. Januar (ADN). Der Präsident der Reichsbahndirektion Erfurt, Nabitz, gab auf einer Pressekonferenz bekannt, daß gegen-

Mitteilung des „Neuen Deutschland“, daß Kreikemeyer Besener ablöste.

In der Nachricht heißt es, in den letzten Monaten habe es sich in ständig wachsendem Maße herausgestellt, daß Besener den an ihn zu stellenden Anforderungen in der Leitung der Reichsbahn nicht gewachsen war. „Weder wurden rechtzeitig und vorausschauend die notwendigen organisatorischen, methodischen und operativen Maßnahmen zur Durchführung des Zweijahrplans erkannt und ergriffen, noch wurde der gesamte Apparat der Reichsbahn arbeitstechnisch auf diese wichtige Aufgabe eingestellt."

Man verstand: Besener hatte sich vermutlich nicht auf den politischen Kurs der SED eingeschworen. Sein größter Makel war wohl, daß er Sozialdemokrat war, und die wurden systematisch aus der SED und den führenden Staats- und Wirtschaftsfunktionen verdrängt.

Anhalt dafür gibt eine Lesart aus dem Jahre 1987. In einer Chronik des Rbd-Bezirks Berlin heißt es: „Alle vorgenannten Präsidenten (gemeint sind Mangold, Fröhlich, Besener, Cappelle – E. P.) unterlagen den kapitalistischen Einflüssen und erwarben nicht das Vertrauen der Arbeiterklasse. So wie bei diesen, war es häufig bei höheren Beamten, die bereits treu – und, wie sie meinten, unpolitisch – dem Kaiser und Hitler gedient hatten, nun aber bei ihrem weiteren strengen Gehorsam mit den neuen gesellschaftlichen Verhältnissen nicht klar kamen.[72]

1955 behauptete die „Fahrt frei", Besener habe sich in die neugegründeten Eisenbahnergewerkschaften eingeschlichen – eine Lesart der poststalinistischen Zeit in der DDR, bei der jede frühere Haltung oder ihre Wirkung je nach politischem Zweck in ihr Gegenteil verkehrt wurde. „In dieser Tätigkeit bereits entlarvte sich Besener als ein Gegner der neuen Gesellschaftsordnung. Systematisch und planmäßig desorganisierte und sabotierte Besener im Stile eines kapitalistischen Wirtschaftsagenten den Wiederaufbau des Transportwesens", hieß es.[73] Der Beitrag diskreditierte ihn als Residenten des britischen Geheimdienstes und ging damit auf eine Sendung im RIAS ein, in der Besener (weitblickend) behauptet hatte, bei dem Wirtschaftssystem der DDR sei niemals an eine Gesundung der DR zu denken.

Willi Kreikemeyer (1894–1950)

Willi Kreikemeyer wurde am 11. Januar 1894 in Magdeburg geboren, erlernte den Beruf des Drehers und war als solcher von 1923 bis 1928 in der Stellwerkswerkstatt Magdeburg tätig, danach Funktionär der KPD und Geschäftsführer des Neuen Deutschen Verlages. 1933 emigrierte er auf Beschluß der KPD-Bezirksleitung Berlin-Brandenburg in die Schweiz und weiter nach Frankreich. In Spanien war er bei den Interbrigadisten und im Ernst-Thälmann-Bataillon Hauptmann.

Am 21. Februar 1946 wurde er Persönlicher Referent beim Stellvertreter des DR-Generaldirektors Schramm, wechselte im Mai in die Personalabteilung der Rbd Berlin und wurde am 1. Oktober Vizepräsident, am 1. März 1947 Präsident der Rbd Berlin und im Januar 1949 Generaldirektor der DR.

72 Überblick der Entwicklung des Reichsbahndirektionsbezirkes Berlin, Teil II 1945–1949, Seite 6, Vorabdruck 1987

73 Fahrt frei, Berlin, 11/1955

Eine der wenigen Aufnahmen von Willi Kreikemeyer (rechts) mit den Staatssekretären Wilhelm Banaschak (links) und Ernst Wollweber Entnommen: Der Verkehr 2/1950

Bei seiner Verhaftung im August 1950 bezichtigte man ihn, Verbindung mit einem amerikanischen Spion gehalten zu haben (tatsächlich ging es um die von Stalin initiierte Liquidierung aller Westemigranten aus politischen und wirtschaftlichen Ämtern). Unter bisher nicht aufgeklärten Umständen ist er in der Haft gestorben. Das Oberste Gericht der DDR gab den 31. August 1950 als Todestag an, Zeugen wollen ihn jedoch noch 1951 im Zuchthaus Brandenburg gesehen haben.

Obwohl ihn das Zentralkomitee der SED bereits 1956 politisch rehabilitierte, wurde er, selbst in der Fachpresse und -literatur, verschwiegen, als habe es einen Generaldirektor Kreikemeyer nie gegeben!

Noch Ende der sechziger Jahre erinnerten sich einige Berliner Eisenbahner seiner Zeit als Präsident, und sie erzählten, er habe bei Dienststellenbesuchen immer zuerst die Toiletten aufgesucht, um über deren Zustand auf die Verfassung der Dienststelle zu schließen.

Erwin Kramer (1902–1979)

Schlosser im Reichsbahnausbesserungswerk Schneidemühl (Pila), Studium an der Technischen Hochschule Berlin (Elektrotechnik und Maschinenbau). 1929 wurde er Mitglied der KPD und emigrierte 1932 in die UdSSR. Dort war er am Zentralen Forschungsinstitut des Verkehrswesens tätig, seit 1937 kämpfte er als Offizier (sein höchster Rang Bataillonskommandeur) in Spanien.

1945 wurde er Hilfssachbearbeiter in der Rbd Berlin und – wie später eine Chronik feststellte – als „erster Kommunist" – Vizepräsident. In der „Fahrt frei"

Wilhelm Pieck, der Präsident der DDR, empfing anläßlich des Eisenbahnertages ausgezeichnete „Verdiente Eisenbahner“, darunter Elli Koch, Zugschaffnerin vom Hauptbahnhof Magdeburg. Links Verkehrsminister Reingruber, neben ihm Erwin Kramer, rechts der später berüchtigte Fernsehkommentator Karl Eduard von Schnitzler (8. Juni 1951).
Foto: ZB/Heilig

Verkehrsminister Erwin Kramer betrachtet eine Verkehrsvariante für den Raum Oberwiesenthal. Im Hintergrund Karl-Heinz Bürger, Präsident der Reichsbahndirektion Dresden (1968).

Erwin Kramer im Gespräch mit dem ehemaligen Ersten Präsidenten der Deutschen Bundesbahn Frohne in Dresden. Foto: ZB/Löwe

wurde man deutlicher: „Die Sowjetarmee hatte zwar gesiegt, aber die antifaschistische Ordnung noch nicht. Wenige Tage später fielen bei der Führung der Partei einige harte Worte. Die Genossen halfen, daß der Antifaschist dorthin kam, wo ihn die neue Ordnung brauchte."[74] Er wurde Direktor einer maschinentechnischen Abteilung der Hauptverwaltung der DR bei der Deutschen Wirtschaftskommission, 1949 Stellvertreter des DR-Generaldirektors und im November 1950 zum Generaldirektor der DR berufen.[75]

1953 wurde Kramer Stellvertreter Roman Chwaleks, des Ministers für Eisenbahnwesens, und am 26. November 1954, als dieses Ministerium und die Staatsekretariate für Straßenwesen und Schiffahrt zum Ministerium für Verkehrswesen zusammengefaßt wurden, dessen Minister sowie zum Mitglied des Zentralkomitees der SED gewählt. Der Minister galt als Eisenbahner und besaß eine Eisenbahneruniform mit an die Funktion gebundenen Rangabzeichen als DR-Generaldirektor.

Seit dieser Zeit bestand die Personalunion von Minister für Verkehrswesen und Generaldirektor der DR. Der Hintergrund war aber: Die DR in der im Westen nicht existenten „Zoffjetzone" (Adenauer) war in viele internationale Eisenbahnabkommen einbezogen. Die Personalunion war einerseits für die verkehrspolitische Handlungsfähigkeit geboten, andererseits setzte man dem Westen mit dem Eisenbahnchef immer einen Repräsentanten des nichtanerkannten Staates an den Tisch.

Dem Minister wurden ein Stellvertreter des Ministers und Erster Stellvertreter des Generaldirektors der DR sowie mehrere Stellvertreter des Ministers beigegeben. Der eigentliche „Chef" der DR war der Erste Stellvertreter des Generaldirektors, wenngleich die Vermischung der beiden Funktionen Minister und Generaldirektor wegen der unklaren Kompetenzen wenig glücklich war. Der Minister griff stets – durch die Verhältnisse dazu gezwungen – in die Kompetenzen des Ersten GD-Stellvertreters ein. Gleichermaßen beschnitt die SED-Parteiführung zunehmend die Kompetenzen des Ministers (siehe unter Arndt).

Kramer war ein Mann Ulbrichts, mit dem ihn ein gutes Verhältnis verbunden haben soll (genauso der die Kramer-Zeit begleitende Stellvertreter des Ministers und Leiter der Politischen Verwaltung der DR, Robert Menzel), war er doch mit Ulbricht 1945 aus Moskau zurückgekommen und nicht aus dem Westen, wie andere kommunistische Emigranten. Denen galt das ständige Mißtrauen der Parteispitze.

Kramer gehörte zu dem kleinen Kreis der Eingeweihten über die „Schutzmaßnahmen" am 13. August 1961. Ulbricht hatte ihn nach Moskau mitge-

---

74 Fahrt frei, Berlin, 34/1962, Seite 6

75 Seine Stellvertreter wurden: Martin Lehmann (später Leiter der Hauptverwaltung des Betriebs- und Verkehrsdienstes der DR), Ernst Zöllner (als Kulturdirektor) und Karl Hetz (Wirtschaftsdirektor, später Präsident der Rbd Halle).

nommen, wo die Spitzen der Warschauer Vertragsstaaten die „Schutzmaßnahmen“ besprachen und dabei erörterten, wie man Ost-Berlin und die DDR hermetisch vom Westen abriegeln könne. Danach setzte Kramer, stets auf Geheimhaltung bedacht, zu diesem Zweck die verschiedensten Abteilungen und Dienststellen ein, damit wenigstens ein Teil der Bahnanlagen auf die plötzliche Abschnürung der Schienenwege eingerichtet war. Die Außenstelle Berlin des Signal- und Fernmeldewerkes erhielt beispielsweise den Auftrag, auf dem Bahnhof Berlin-Friedrichstraße die Sicherungsanlagen derart umzustellen, daß S-Bahn-Züge (die bisher durchfuhren) wenden konnten. Gesagt wurde den Eisenbahnern, man wolle eine zusätzliche Zuggruppe einrichten, die in Friedrichstraße ende bzw. beginne. Daß niemand Verdacht schöpfte, lag wohl daran, daß die Phantasie nicht ausreichte, sich vorzustellen, man werde eine Stadt an ihren Lebensadern vollständig teilen.

Kramer genoß unter den Eisenbahnern Ansehen, weil er sich zumindest in den ersten Jahren seines Amtes als Ministers oft auf den Dienststellen sehen ließ und weil sein Name mit technischen Entwicklungen verbunden war, wie mit den Kohlenstaublokomotiven nach dem System Wendler, der Weiterentwicklung der Doppelstockwagen sowie (mit Necke) der Erfindung des Spurwechselradsatzes DR III, der bei den Kesselwagenzügen angewandt wurde, die zwischen der DDR und Kujbyschew verkehrten. Übrigens ein eigenartiger und beispielloser Fall, daß der Patentinhaber zugleich die Beschaffung entschied!

Otto Arndt (1920–1992)

Mit der Verabschiedung Erwin Kramers am 15. Dezember 1970 erhielt dessen Stellvertreter als Minister und Erster Stellvertreter des Generaldirektors der DR die Berufungsurkunde. Auch Arndt beließ es bei der Doppelfunktion Minister und Generaldirektor der DR.

Mit ihm stand erneut ein Mann an der Spitze der DR, der von der Rbd Berlin in das Ministerium für Verkehrswesen gekommen war. Die Jahre zuvor war er Amtsvorstand des Rba Aschersleben, Vizepräsident für den operativen Dienst der Rbd Halle, Präsident der Rbd Berlin und Stellvertreter des Ministers. Auf dem VIII. Parteitag der SED 1971 wurde er Kandidat des Zentralkomitees, im Juni 1975 auf der 14. Tagung des Zentralkomitees zu dessen Mitglied gewählt.

Anläßlich seines 65. Geburtstag erhielt er die Auszeichnung als „Held der Arbeit“. Man würdigte den „bewährten Kämpfer für die edlen Ziele der Partei und den verdienstvollen Funktionär unserer Arbeiter-und-Bauern-Macht“. Ob ihm die Parteiführung nicht vergaß, wie er sich während der Zeit um den 17. Juni 1953 verhielt? Halle–Leuna war ein Schwerpunkt des Arbeiteraufstands. Als einige Funktionäre und Leiter in der Rbd Halle sich fragten, „ob es jetzt anders komme“, hielt Arndt unterschütterlich zur SED.

Arndt wollte anläßlich seines 65. Geburtstages in den Ruhestand gehen,

Otto Arndt während eines Meetings auf dem Bahnhof Seddin (1981) Foto: ZBDR/Zimmer

Otto Arndt gratuliert Herbert Keddi als Stellvertreter des Ministers und Ersten Stellvertreter des Generaldirektors der DR (20. Dezember 1988). Foto: ZBDR/Zimmer

und 1985 wurde über einen Nachfolger auch viel gemunkelt. Aber Günter Mittag, Wirtschaftssekretär im SED-Politbüro, forderte ihn zum Bleiben auf, sollte doch die Führungsschicht zusammenbleiben. Dabei war Arndt im Vergleich mit dem vergreisten Politbüro ein „junger Hüpfer".

Am 7. November 1989 trat er, weil der Druck des Volkes gegen die Regierung immer stärker wurde, mit der Stoph-Regierung zurück. Zum folgenden Verkehrsminister (in der Modrow-Regierung) wählte die DDR-Volkskammer am 17. November 1989 Heinrich Scholz (zuvor Staatsekretär). Er hob die Personalunion Minister-Generaldirektor der DR auf (de jure wurde die DR vom Ministerium aber erst zum 1. April 1990 gelöst). Herbert Keddi, noch unter Arndt zum Stellvertreter des Ministers und Ersten Stellvertreter des Generaldirektors der DR berufen, war jetzt Generaldirektor der DR.

Die Erinnerungen an Arndt sind zwiespältig. Für viele war er unnahbar und wortkarg. Die fehlende akademische Bildung mag dazu beigetragen haben, daß er in der Öffentlichkeit wie ein Funktionär ohne Format wirkte. Wer sucht, welche Spuren Arndt bei der DR hinterließ, findet nicht viel. Wenn, dann die Erinnerung an Arndts verbissenen Kampf (dazu gehörten Rapporte mit den Präsidenten nachts 2 Uhr!) um Wagenraum für jede Tonne, was ihm den Spitznamen „Tonnen-Otto" eintrug. Wo Arndt auftrat, waren die Formen oftmals zum Ritual erstarrt, oder er wirkte banal, etwa wenn er für den traditionellen Neujahrsbesuch bei den Eisenbahnern nur zehn Minuten Zeit mitbrachte und dann lediglich über seine Rente scherzte.

Einen ausgesprochen hilflosen Eindruck hinterließ er auf der Sitzung des

Zentralvorstands der Industriegewerkschaft Transport- und Nachrichtenwesen am 13. September 1989. Wie üblich, sollte zum 40. Jahrestag der DDR der Gabentisch gedeckt werden. Da Wesentliches nicht vorzuweisen war, verglich die stellvertretende Vorsitzende P. im Rechenschaftsbericht jeweils zwischen 1949 und 1989 (Zahl der Pkw, Zahl der Farbfernseher usw.). Doch die Atmosphäre war von der Mißstimmung unter den Eisenbahnern und von der Grenzöffnung in Ungarn geladen, und H., der Vorsitzende der Bezirksgewerkschaftsleitung des Rbd-Bezirkes Halle, hielt die Zeit für gekommen, energisch die Umverteilung der Arbeitskräfte zu fordern, von der Verwaltung in die Produktion. Arndt erwiderte darauf, er könne auch nicht viel tun, und für viele wurde erkennbar, welches Spannungsfeld zwischen ihm und der Parteiführung bestand. Der Ministerrat (die Regierung) der DDR war vom SED-Politbüro entmachtet, das Geschehen bestimmten der Wirtschaftssekretär (Mittag) und, bezogen auf die Eisenbahn, der Leiter der Abteilung Transport-Nachrichtenwesen im Zentralkomitee der SED (Egemann bzw. Wöstenfeld). Dem entsprach auch das DDR-Protokoll bei Empfängen. Zuerst wurde dieser Abteilungsleiter begrüßt, danach der Minister! Von Fachleuten ausgearbeitete Vorschläge, die der Minister im Politbüro oder Zentralkomitee vorlegte, wurden meist abgelehnt, im Ministerrat spielte die DR keine wesentliche Rolle, der Minister hatte sich lediglich öfter zu rechtfertigen, weil der Wagenraum nicht in genügendem Maße bereitgestellt worden war.

Arndt war aber nicht der Mann, der sich gegen solche Umstände aufgelehnt oder seinen Hut genommen hätte. Er blieb bis zum bitteren Ende.

Herbert Keddi (geb. 1937)

Keddi begann 1951 als Junghelfer bei der DR, war tätig auf einem Bahnhof, in einem Rba und einer Rbd. Er hatte den Abschluß als Ingenieur und den der Parteihochschule, wurde Mitarbeiter der Politischen Verwaltung der DR, war bis 1986 Abteilungsleiter Parteiorgane. 1986 wurde er zum 1. Sekretär der SED-Kreisleitung Zentrale Organe des Verkehrswesens gewählt und am 20. Dezember 1988 zum Stellvertreter des Ministers und Ersten Stellvertreter des Generaldirektors der DR berufen, im November 1989 wurde er Generaldirektor, bezeichnete sich aber in der Öffentlichkeit, seitdem er Erster Stellvertreter des Generaldirektors geworden war, als „Chef der Eisenbahn".

Keddi war ein praxiserfahrener, umgänglicher Mann mit rhetorischem Talent und guten Beziehungen zu vielen einflußreichen Männern in der DDR und in der BRD. Er durchschaute die Situation, in der sich die DR befand, und wußte, welche Ratschläge er übersehen durfte und welche er befolgen mußte. Absolutes Novum: Er ließ sich von relativ einfachen Mitarbeitern beraten. Doch Qualifikation (Parteihochschule) und Vergangenheit (Politische Verwaltung der DR, SED-Kreisleitung) schlossen sein Verbleiben aus. Zur Eröffnung des Grenzübergangs Arenshausen/Eichenberg Ende Mai 1990 trat er (bereits mit Verkehrsminister Gibtner) das letzte Mal in der Öffentlichkeit auf.

Hans Klemm (geb. 1928)

Am 1. Juni 1990 berief Horst Gibtner, Verkehrsminister in der Regierung de Maizière, Hans Klemm zum Generaldirektor der DR. Daß ein CDU-Minister Keddi absetzen würde, war zu erwarten. Niemand erwartete aber Klemm als neuen Generaldirektor der DR, zumal dieser sich in den zurückliegenden Jahren recht farblos gezeigt hatte. Aber Gibtner saß bis zu seiner überraschenden Berufung zum Minister als Technologe in der Hauptverwaltung Sicherungs-, Fernmelde- und Prozeßautomatisierungstechnik der DR, und deren Leiter war Klemm!

Er war seit 1945 Eisenbahner, von 1972 an Leiter der erwähnten Hauptverwaltung. In den fünfziger Jahren gehörte er zur DR-Delegation beim Komitee für die Zusammenarbeit der Eisenbahnen (OSShD) in Warschau. Von 1981 bis 1989 vertrat er die DR beim Internationalen Eisenbahnverband (UIC) in Paris, viele Jahre dort auch als Präsident des Ausschusses für Bahnanlagen. Seine internationale Reputation war größer als die daheim.

Klemm wurde den Eisenbahnern als Generaldirektor wenig bekannt. Die Amtszeit war zu kurz, und ausgedehnte Besuche auf Dienststellen waren dem unnahbaren Technokraten fremd; vor allem wurde Klemms Arbeitszeit von vielen Reisen zum Bundesverkehrsministerium nach Bonn bestimmt. In Klemms Amtszeit fällt vor allem die Umstrukturierung der DR entsprechend der DB-Struktur.

Ende 1990 setzte das Bundesverkehrsministerium für die DR einen Verwaltungsrat ein, und für die DR wurde ein Vorstand mit Klemm und dem später verhafteten M., Bereichsleiter Steuerung und Planung, gebildet. Es folgten zwei neue Mitglieder (seit 21. Januar 1991 Siegfried Klippel, Bereich Personal und Soziales, sowie Peter Münchschwander, Bereich Bau und Betrieb, Technische Dienste und Einkauf, beide ehemalige DB-Eisenbahner).

So überraschend, wie Klemm Generaldirektor der DR geworden war, kam sein Ende als Vorsitzer. Während einer Tagung in Prag Ende August 1991 wurde er nach Bonn bestellt, und es hieß, er habe um die Versetzung in den Ruhestand gebeten. Daß ursächlich dafür seine frühere Mitarbeit beim Ministerium für Staatssicherheit war, die die Gauck-Behörde ermittelt hatte, wurde offiziell nicht bestätigt. Aber die Gerüchte hielten sich, und viel Wahrscheinlichkeit besteht dafür, da Klemm jahrzehntelang Reisekader auch ins NSW war.

Heinz Dürr (geb. 1933)

Der DB-Verwaltungsrat hatte am 18. Oktober 1990 Heinz Dürr zum Vorsitzer des Vorstandes der DB berufen, Reiner Maria Gohlke nachfolgend, der Mitte Juli in die Treuhandanstalt gewechselt war. Wegen des Weggangs von Klemm wurde am 1. September 1991 Dürr auch zum Vorsitzer des Vorstandes der DR berufen. Er war dadurch Chef der (DB und DR zusammengenommen) größten europäischen Bahnverwaltung.

Heinz Dürr löste Heinz Klemm, den Vorstandsvorsitzer der DR, ab.
Karikatur entnommen der „Deutschen Verkehrszeitung" vom 31. August 1991

Heinz Dürr in einem Stand der Leipziger Frühjahrsmesse (1992)

Jetzt stand erstmals ein Nicht-Eisenbahner an der Spitze der DR, wie das bei der DB seit Jahrzehnten üblich war. Der Sohn eines Stuttgarter Kleinunternehmers studierte Maschinenbau, brach ab und errichtete in Brasilien für die Volkswagen AG eine Lackieranstalt, deren Ausrüstung sein Vater lieferte. Er ging auch nach Indien, übernahm das Familienunternehmen und wurde zugleich Vorsitzender der baden-württembergischen Metallunternehmer.

1980 hatte man Dürr in den schwer angeschlagenen AEG-Telefunken-Konzern gerufen. Obgleich die Sanierung nicht gelang, gilt er als Top-Manager. Als die Daimler-Benz-AG 1986 die Kapitalmehrheit bei der weitgehend gesundeten AEG erlangte, stieg Dürr in deren Vorstand auf.

Dürr fällt durch kluge Zitate („Ein Unternehmen ist für mich eine gesellschaftliche Veranstaltung"), durch unkonventionell-partnerschaftlichen Stil, aber auch durch Härte in Auseinandersetzungen auf. Intern schenkte man ihm den Spitznamen „Colombo", weil er ein präziser, naiver Frager ist, der am Ende umsomehr mit scharfsinnigen Schlußfolgerungen brilliert.

Er forciert die in der BRD jahrelang versandeten Bemühungen, die Bahn von der Behörde in ein marktwirtschaftliches Unternehmen zu verwandeln, sie aus der Bevormundung des Staates zu befreien und ihr die Altlasten zu nehmen.

Am 9. April 1992 beschlossen die Verwaltungsräte von DB und DR, zum 1. Juni 1992 einen gemeinsamen Vorstand beider Bahnen zu bilden. Mit ihm und der weiteren organisatorischen Fusion der Verwaltungsbereiche nahm Dürr partiell den für 1993 vorgesehenen Zusammenschluß der beiden deutschen Bahnen vorweg.

Abkürzungsverzeichnis

ADN	Allgemeiner Deutscher Nachrichtendienst
AEG	Allgemeine Elektrizitäts-Gesellschaft, Berlin
B	Befehlsstellwerk
Bw	Bahnbetriebswerk (der Deutschen Reichsbahn)
Bww	Bahnbetriebswagenwerk (der Deutschen Reichsbahn)
BW	Betriebswerk (der Deutschen Bundesbahn)
BZGL	Bezirksgewerkschaftsleitung
ČSD	Tschechoslowakische Staatsbahnen
ČSSR	Tschechoslowakische Sozialistische Republik
D	Schnellzug
DB	Deutsche Bundesbahn
Dg	Durchgangsgüterzug
DGB	Deutscher Gewerkschaftsbund
DR	Deutsche Reichsbahn
Ex	Expreßzug
ex	ehemals, ehemalig
EZMG	Typenbezeichnung eines Relaisstellwerks sowjetischer Bauart
FDGB	Freier Deutscher Gewerkschaftsbund
FDJ	Freie Deutsche Jugend
Fka	Fahrkartenausgabe
Gbf	Güterbahnhof
GdED	Gewerkschaft der Eisenbahner Deutschlands
GST	Gesellschaft für Sport und Technik
La	Langsamfahrstelle
LEW	Kombinat VEB Lokomotivbau-Elektrotechnische Werke „Hans Beimler“ Hennigsdorf, von 1990 an AEG Schienenfahrzeuge GmbH
LVO	Lieferverordnung
LVT	Leicht-Verbrennungstriebwagen
NAW	Nationales Aufbauwerk
NSW	Nichtsozialistisches Wirtschaftsgebiet
OSShD	Organisation für die Zusammenarbeit der Eisenbahnen
P	Personenzug
PGH	Produktionsgenossenschaft des Handwerks
PKP	Polnische Staatsbahnen
Ps	Personenzug der Berliner S-Bahn
Raw	Reichsbahnausbesserungswerk
Rba	Reichsbahnamt
Rbd	Reichsbahndirektion
RGW	Rat für gegenseitige Wirtschaftshilfe
SED	Sozialistische Einheitspartei Deutschlands

SEW	Sozialistische Einheitspartei Westberlin
SF-Posten	Dienststelle des Sicherungs- und Fernmeldewesens
SMAD	Sowjetische Militäradministration in Deutschland
SNCF	Französische Staatsbahnen
Stug	Studiengesellschaft für Kohlenstaubfeuerung auf Lokomotiven
SU	Sowjetunion
SVT	Schnell-Verbrennungstriebwagen
UdSSR	Union der Sozialistischen Sowjetrepubliken
UIC	Internationaler Eisenbahnverband
VbE	Vollbeschäftigteneinheit
VdeR	Verwaltung des ehemaligen Reichsbahnvermögens
VEB	Volkseigener Betrieb
VMI	Volkswirtschaftliche Masseninitiative
VVO	Vaterländischer Verdienstorden
ZBK	Zugbegleitkommando der Transportpolizei